한 번만 읽으면 확 잡히는
중등 화학

한 번만 읽으면 확 잡히는
중등 화학

손미현 유가연 지음

ㅎ언

지금 내가 앉은 주변을 한번 돌아볼까요? 벽지의 재질과 색, 책상의 재질과 반짝임, 읽고 있는 책의 종이와 잉크, 스마트폰의 여러 부품과 보호필름 등 우리 주변을 둘러 싼 수많은 물건들의 재료, 색, 그밖의 세제, 화장품 등은 모두 화학입니다. 우리의 주변에 화학이 많기 때문에 잘해야 하는 것일까요?

사실 우리가 잘 모른다고 해서 이용하지 못하는 것은 아니에요. 스마트폰을 사용하는 사람 중 원리를 알고 쓰는 사람은 많지 않을 테니까요. 화학도 마찬가지예요. 화학을 많이 사용하니까 잘해야 한다는 건 아닙니다. 우리 주변에 많다는 것은 그만큼 화학에 대한 직업 수요가 많다는 이야기겠죠. 그만큼 여러분이 진학할 수 있는 기회가 넓어진다는 것과 같은 말이 됩니다.

《한 번만 읽으면 확 잡히는 중등 화학》은 중학교부터 본격적으로 시작하는 화학을 여러분이 차근차근 이해하고 좋아할 수 있도록 도움을 주려고 만든 책입니다. 그래서 중학교 때 학습하는 화학의 전반적인 내용을 모두 다루면서도, 처음 화학을 접하는 친구들을 위해 되도록 쉽게 풀이하려고 했어요.

또한, 최근 학교에서 강조하는 과정 평가와 서술형 평가에 익숙해지기를 바라는 마음에서 챕터별로 실제 서술형 문제도 넣었습니다. 재미있게 글을 읽은 후 실전처럼 생각하고 문제를 풀어보길 바라요. 차분하게 책을 읽고 문제를 해결하다 보면, 어느새 과학자의 눈으로 자연 현상을 바라보는 능력이 훌쩍 성장해 있을 거예요.

화학은 수학처럼 기초가 탄탄해야 하는 과목입니다. 그러니 중학교 1학년부터 잘 이해하고 넘어갈 수 있도록 준비하는 게 중요해요. 여러분이 차례대로 차근차근 읽어나간다면 중학교에서 배우는 화학이 전혀 어렵지 않을 거라고 생각합니다. 화학을 단편적인 지식의 나열처럼 암기하려고 하지 말고, 큰 흐름에서 각각의 연결 고리를 찾기를 바라요.

책을 읽으면서 나를 둘러싼 수많은 화학을 찾아보는 경험을 함께한다면 훨씬 더 유익한 시간이 될 거예요. 어렵다고 무조건 뒷걸음질 치거나 포기하지 말고 한번 덤벼 보면, 화학의 신기한 세계가 여러분을 반겨 줄 겁니다.

손미현 · 유가연

CONTENTS

Part 1. 기체의 성질

10:41

입자 1님이 입자 2님을 초대하였습니다.

입자 1
나랑 같이 놀러 다닐 사람?

나도 놀고 싶다!

입자 2

입자 1
그럼 같이 나갈까? 공기 중에서 떠다니며
놀면 자유롭고 재미있어!

나도 그러고 싶지, 근데 근처에 있는 친구들이 못 나가게 해서.

입자 2

입자 1
야! 나가지 말란다고 안 나가면 되겠어? 내가 방법을 찾아볼게

입자 1님이 열님을 초대하였습니다.

입자 1
안녕 열아! 입자 2가 놀고 싶다네. 근데 움직일 수가 없대.

열
그래? 그럼 도와줄게!

입자 1
고마워! 역시 너밖에 없어!

열아 나도 고마워!!!

입자 2

입자 1
그나저나 열만 있음 되는 거야?!

몰라! 나도. 남들이 그렇다는데?

입자 2

입자 1
아… 뭐가 또 있나?

Send

1. 기체의 증발

"어, 누가 내 물 마셨어?"

어제 오후 분명히 책상 위에 올려둔 컵에 물이 반쯤 담겨 있었는데, 오늘 아침에 보니 물이 사라져버렸어요. 누가 몰래 들어와서 물을 마셔버린 걸까요? 아니면 혹시 귀신이? 컵 속에 담긴 물이 어디로 가버린 것인지 밝혀내 봅시다.

물이 어디로 갔는지 밝혀내기 위해서는 먼저 정해야 할 것이 있어요. 지금부터 물은 한 덩어리가 아니라 아주 작은 입자들로 이루어진 것이라고 생각해야 해요. 실제 우리 세상에 존재하는 많은 것들, 심지어 물조차도 매우 작은 입자들로 되어 있거든요. 우리 눈에 보이지도 않은 작은 입자들이 모여 돌도 되고, 유리도 되고, 물도 되는 것이죠.

그럼 물이 입자로 되어 있다고 생각하면서 컵 속을 상상해 봅시다. 아마도 수많은 물 입자들이 컵 안에서 옹기종기 모여 있을 거예요. 그런데 입자들은 좀 더 자유롭게 돌아다니고 싶어 하죠. 물컵 안에 담겨 있는 물 입자들도 컵보다는 좀 더 공간이 넓은 공기 중으로 나가고 싶겠죠. 하지만 나갈 수가 없어요. 내 주변에 있는 다른 입자들이 손을 잡고 있거든요. 이 손을 놓고 넓은 바깥으로 나가기 위해서는 에너지가 필요해요. 그 에너지란 바로 열이지요. 열이라는 에너지를 충분히 받아야 친구들의 손을 놓고 넓은 공기 중으로 나갈 수 있답니다.

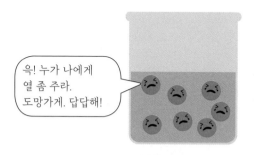

욱! 누가 나에게
열 좀 주라.
도망가게. 답답해!

그렇다면 컵 속의 물 입자는 열을 어디에서 받은 걸까요? 바로 태양이에요. 공기 중으로 나갈 수 있을 만큼 태양에서 보내주는 열 에너지를 차곡차곡 모아요. 그리고 에너지가 충분해지면 친구들의 손을 놓고 공기 중으로 나가는 것이지요. 그렇다면 생각해 봅시다. 컵에 담긴 물 입자 중에서 열 에너지를 가장 잘 받을 수 있는 물 입자는 어디에 있는 입자일까요? 바로 제일 위에 있는 입자들이겠죠? 아래쪽에 있는 입자들은 위에 있는 입자들에 가려서 에너지를 잘 못 받을 테니 말이죠. 이렇게 액체 상태에 있는 물질 표면에서 기체 상태로 변하는 현상을 우리는 증발이라고 합니다.

그렇다면 증발은 언제 가장 잘 일어날까요? 일단 햇빛이 강한 날일 거예요. 햇빛을 받아야 에너지를 빨리빨리 모아서 바깥으로 나갈 수 있으니까요. 햇빛만 가능하냐고요? 열을 주는 무언가가 있으면 다 가능하겠죠. 햇빛 대신에 물컵 위에 조명을 켜놔도 조명에서 나오는 열은 물 표면에 있는 입자들이 나갈 수 있게 충분한 에너지를 줄 수 있을 거예요.

또 다른 조건은 무엇일까요? 물 입자가 공기 중으로 나가려면 공기 중에도 공간이 충분히 있어야 할 거예요. 만약 공기 중에 수증기 입자가 꽉 차 있다면 컵 속의 물 입자들이 공기 중으로 나가고 싶어도 자리가 없어서 나갈 수 없을 테니까요. 즉, 공기 중에 수증기가 꽉 차 있는 날, 비오는 날에는 증발이 잘 일어나지 않겠네요.

바람이 부는 날에도 증발이 잘 일어나요. 이미 증발된 물 입자들은 컵 위에 아마도 옹기종기 모여 있을 거예요. 스스로 움직인다고 하더라도 계속해서 물 입자들이 증발되어 공기 중으로 빠져나오기 때문이겠지요. 그런데 그때 바람이 획 하고 불어준다면 어떤 일들이 생길까요? 옹기종기 모여 있던 물 입자들이 다른 곳으로 훨훨 이동할 수 있을 거예요. 그럼 컵 속에 있던 물 입자들은 공기 중으로 나올 수 있는 공간이 충분해질 테니 증발이 잘 이루어지겠지요.

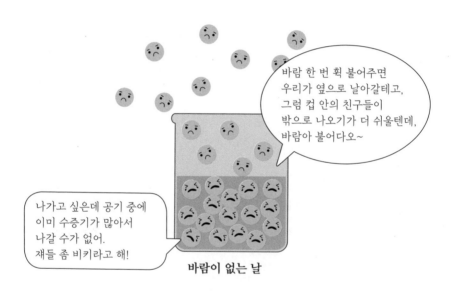

바람 한 번 획 불어주면
우리가 옆으로 날아갈테고,
그럼 컵 안의 친구들이
밖으로 나오기가 더 쉬울텐데,
바람아 불어다오~

나가고 싶은데 공기 중에
이미 수증기가 많아서
나갈 수가 없어.
쟤들 좀 비키라고 해!

바람이 없는 날

빨래가 잘 마르는 날도 마찬가지일 거예요. 햇빛이 쨍쨍하고 공기 중에 수증기가 별로 없는 맑은 날, 그리고 바람이 불어서 이미 공기 중으로 나온 물 입자들을 다른 곳으로 빠르게 이동시켜 주는 날. 증발의 의미와 증발이 잘 되는 조건을 잘 연결해 보세요.

증발이 잘 일어나는 조건 = 빨래가 잘 마르는 조건

1. 햇빛이 쨍쨍하다(기온이 높아서 물 입자가 열 에너지를 잘 받을 수 있다).

2. 바람이 잘 분다(수증기 입자를 다른 곳으로 잘 보낸다).

3. 습도가 낮다(공기 중의 수증기 입자가 적다).

증발과 비슷한 것에 끓음이 있어요. 증발이나 끓음 모두 액체가 기체로 된다는 점에서는 다르지 않죠. 그렇다면 차이점은 무엇일까요?

증발은 액체 표면에 있는 입자들이 공기 중으로 날아가죠.

하지만 '끓음'은 말 그대로 무언가를 끓여야 일어나는 것이에요. 끓음이 일어나기 위해서는 열이 가해져야 하고, 그러다 보니 표면뿐 아니라 내부에서도 공기 중으로 날아가는 입자들이 생기는 것이죠.

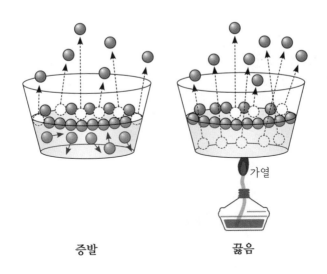

가열

증발   끓음

증발이 일어나기 때문에 어항 속의 물이 점점 줄어들고, 꽃병의 물도 줄어들죠. 빨래가 마르기도 하고, 씻어 둔 과일이나 채소의 물기가 사라지기도 한답니다. 증발을 막기 위해서 입자들이 공기 중으로 날아가지 않도록 비닐로 덮어둘 수 있어요. 실험을 할 때 물의 양을 일정하게 유지해야 하는 경우 물 표면에 기름을 한두 방울 떨어트려 물의 증발을 막기도 한답니다.

이것만은 알아 두세요

1. 증발: 열 에너지를 흡수하여 액체가 표면에서 기체로 변하는 현상

2. 끓음: 열 에너지를 흡수하여 액체가 표면과 내부에서 기체로 변하는 현상

3. 증발이 잘 되는 조건

　① 햇빛이 쨍쨍하다(기온이 높아서 물 입자가 열 에너지를 잘 받을 수 있다).

　② 바람이 잘 분다(수증기 입자를 다른 곳으로 잘 보낸다).

　③ 습도가 낮다(공기 중의 수증기 입자가 적다).

풀어 볼까? 문제!

1. 증발이 잘 되는 조건을 서술하시오.

2. 증발과 끓음의 차이를 서술하시오.

정답

1. 해가 쨍쨍하다(또는 온도가 높다). 바람이 잘 분다. 습도가 낮다.
2. 증발은 액체 표면에서만 기체로 변하는 현상이고, 끓음은 표면뿐 아니라 내부에서도 열을 받은 입자들이 기체로 변하는 현상이다.

2. 기체의 확산

식물에 대해 연구하던 스코틀랜드의 식물학자 로버트 브라운(Robert Brown)은 물에 띄운 꽃가루가 물 위를 끊임없이 움직이고 있는 것을 현미경으로 관찰하게 됩니다. 브라운은 깜짝 놀랐지요. 꽃가루가 혼자서 움직이다니요? 사람들은 꽃가루가 살아있기 때문에 움직인다고 생각했어요. 하지만 살아있지 않은 담뱃재까지 물 위에서 불규칙하게 마구 움직이는 현상을 관찰했습니다. 그때는 왜 꽃가루나 담뱃재가 혼자서 움직일 수 있는지 몰랐습니다. 어떻게 움직일 수 있었을까요?

담뱃재와 꽃가루의 공통점은 바로 물 위에 떠 있었다는 것입니다. 컵 안에 담긴 물은 흔들지 않으면 가만히 있는 것처럼 보입니다. 하지만 실제로는 우리 눈에 보이지 않는 매우 작은 물 입자들이 끊임없이 움직이고 있지요. 이렇게 움직이는 물 입자들이 꽃가루나 담뱃재를 계속해서 툭툭 치기 때문에 꽃가루나 담뱃재가 마치 살아서 움직이는 것처럼 보입니다. 이러한 입자의 움직임을, 제일 처음 이 현상을 발견했던 브라운 박사의 이름을 따서 브라운 운동(Brownian motion)이라고 부르게 되었습니다. 브라운 운동은 꽃가루가 아니라 매우 작은 입자들(나중에 여러분은 이 작은 입자가 분자라는 것을 배우게 될 거예요)이 스스로 움직일 수 있기 때문에 생긴 현상인 것을 알아둡시다.

> 윽! 귀신이야?
> 꽃가루가 왜
> 혼자 움직이지?

입자가 스스로 움직이기 때문에 우리가 겪을 수 있는 일에는 무엇이 있을까요? 이렇게 눈에 보이지 않는 매우 작은 입자들이 자신이 가진 에너지를 이용해서 스스로 움직이기 때문에 우리는 '냄새'를 맡을 수 있습니다. 방 한 구석에 놓아 둔 방향제의 향기가 잠시 후면 온 방 안에 퍼져 있지요. 이것은 공기 입자들이 움직이면서 향수 입자들을 '툭' 하고 쳐서 널리 널리 퍼트리는 것입니다. 결과적으로 한곳에 모여 있던 향수가 퍼지면서 온 방 안에 흩어질 수 있었던 것입니다. 이처럼 모여 있던 어떤 물질이 점점 흩어져서 다른 물질과 고르게 섞이는 현상을 우리는 확산이라고 부릅니다.

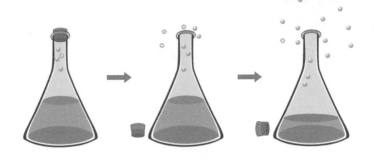

이러한 확산은 따뜻할 때 더욱 잘 일어납니다. 우리들은 밥을 먹어야 움직일 수 있지요. 입자들에게 밥은 '열'이에요. 열을 주면 입자가 더욱 활발하게 잘 움직이기 때문에 확산은 온도가 높을수록 잘 일어나는 것이지요. 겨울보다 더운 여름에 화장실 냄새가 더 심한 이유가 바로 확산이 잘 일어나기 때문입니다. 반대로 온도가 낮아지면 입자들의 움직임이 줄어듭니다. 이번에는 온도에 따라 확산하는 정도가 어떻게 달라지는지 한번 실험해 볼까요?

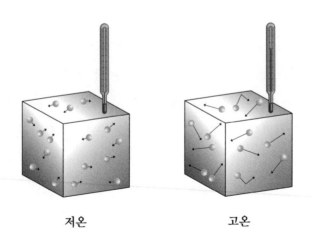

저온   고온

차가운 물과 따뜻한 물을 각각 다른 컵에 담고 잉크를 조심스럽게 컵에 떨어트려 볼까요? 그리고 잉크가 퍼지는 모습을 비교해 보아요. 따뜻한 물속의 잉크가 훨씬 더 잘 퍼지는 것을 볼 수 있답니다.

온도에 따른 잉크 확산 속도

확산의 속도는 물질마다 다르답니다. 친구들 5명과 50cm 간격으로 서 봅시다. 그리고 한쪽 끝에서 향수병을 열고 향수 냄새가 나는 순간 손을 들도록 해 봅시다. 마지막 친구가 손을 들 때까지 걸린 시간을 측정해 봐요. 그리고 이번에는 향수 대신 식초를 가지고 똑같은 실험을 해보는 거예요. 아마도 식초와 향수가 맨 마지막 친구에게까지 도착하는 시간은 다를 거예요. 실제로 입자가 무거울수록 확산은 천천히 일어납니다. 식초와 향수로 손들기 실험을 했을 때, 더 오랜 시간이 걸리는 물질이 아마도 더 무거운 입자로 된 물질이겠죠.

마지막에 서있는 영철아!
식초 냄새가 나면 시계를 눌러.
몇 초만에 너에게까지
식초 입자가 움직였는지
확인해보게.

이제는 물속에 넣어둔 각설탕이 조금 후에 사라져도 놀라지 마세요. 아마도 물 입자들이 스스로 움직이면서 설탕 입자들과 잘 섞여서 달달한 설탕물이 만들어져 있을 테니까요. 아! 빨리 먹고 싶다면 따뜻한 물을 사용해야 한다는 것을 잊지 말고요.

설탕이 물속에서 확산되는 현상

이것만은 알아 두세요

1. 확산: 어떤 물질이 점점 흩어져서 다른 물질과 고르게 섞이는 현상
2. 온도가 높을 때 확산이 잘 일어난다.
3. 물질마다 확산되는 속도가 다르다.

1. 그림 (가)와 그림 (나) 중에 온도가 높을 것으로 예상되는 것은 무엇이며, 그렇게 생각한 이유를 서술하시오.

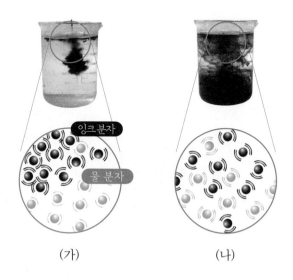

잉크 분자

물 분자

(가)   (나)

2. 여름철에 화장실 냄새가 더욱 심하게 나는 이유를 서술하시오.

정답

1. (나). (가)에 비해서 (나)의 잉크 입자가 더 많이 확산되었기 때문이다.
2. 냄새가 퍼지는 이유는 확산이 일어나기 때문인데, 확산은 온도가 높을수록 더 잘 일어나기 때문에 더운 여름철이 겨울에 비해 냄새가 더욱 심하게 나는 것이다.

3. 기체의 압력

규리: 이야! 어제 본 영화에서 지구를 구한 우주인들이 무사히 착륙해서 멋
　　　지게 걷는 마지막 장면 너무 멋있었어. 아 진짜 너무 좋아!

규준: 에이 그 장면 뻥이잖아!

규리: 무슨 소리야? 뻥이라니.

규준: 우주인들이 지구에 돌아오면 중력 때문에 못 걸어. 공기가 무겁게 느껴
　　　지기도 하고. 다 들것에 실려 나온다니까.

규리: 공기가 무겁다고?

　여러분은 공기가 무겁다고 느낀 적이 있나요? 우리 주변에는 언제나 공기
가 쌓여 있어서 얼마나 무거운지 잘 느끼지 못합니다. 마치 지구가 엄청난
속도로 돌고 있지만 우리 중 누구도 지구가 회전하고 있는 것을 느끼지 못하
는 것처럼요. 하지만 우주에 나갔다 오면 우리 몸은 공기가 무겁다는 것을
감지하게 됩니다. 실제 $1cm^2$ 당 1,000km의 높이의 공기 기둥은 1kg의 무게

가 나간다고 해요. 여러분이 보통 서 있는 면적을 가로, 세로 30cm라고 생각한다면 넓이가 900cm²이니까 900kg을 짊어지고 있다고 생각할 수 있습니다. 정말 엄청난 값이죠?

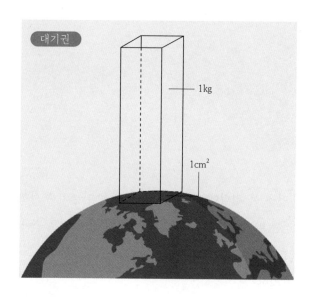

이렇게 공기가 지구를 누르는 힘, 즉 대기가 지표면에 가하는 압력을 기압(氣壓)이라고 부릅니다. 그렇다면 압력은 무엇일까요? 압력은 말 그대로 누르는 힘입니다. 같은 면적에 얼마만큼 큰 힘으로 눌렀는지를 값으로 나타낸 것입니다. 그래서 면적당 누르는 힘이라는 뜻으로 분모에는 면적의 단위인 m²가, 분자에는 힘의 단위인 N을 써서 압력의 단위는 N/m²라고 사용합니다. 또는 Pa라고 쓰고 파스칼이라고 읽습니다.

$$\text{압력} = \frac{\text{수직으로 작용하는 힘(N)}}{\text{힘을 받는 면의 넓이(m}^2)} \quad \text{(단위: N/m}^2\text{, N/cm}^2\text{, Pa, kgf/m}^2)$$

나 불렀어?
나는 프랑스의 수학자
블레즈 파스칼(Blaise Pascal)이야.
내 이름을 따서
만들었구만.

압력은 작용하는 힘이 클수록 크고, 접촉 면적이 좁을수록 압력이 커질 거예요. 간단한 실험을 통해 확인해 볼까요?

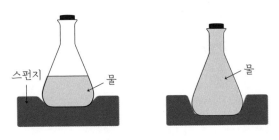

스펀지　　　　물　　　　　　　　　물

작용하는 힘의 크기

같은 면적으로 스펀지를 누르고 있지만, 오른쪽의 플라스크는 물이 가득 들어 있어 무게가 많이 나갈 거예요. 무게가 많이 나갈수록 스펀지가 더 힘을 받아 아래로 눌려진 모습을 볼 수 있어요.

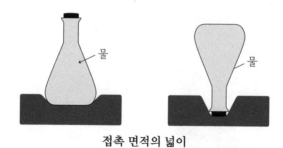

접촉 면적의 넓이

이번엔 같은 무게인데 한쪽은 넓은 면으로, 다른 한쪽은 좁은 면으로 스펀지를 눌렀습니다. 어떻게 되었나요? 좁을수록 더 많은 힘이 가해지는 것을 확인할 수 있죠. 접촉 면적을 일부러 바꾸어 압력을 다르게 만드는 것을 우리는 생활에서도 많이 찾을 수 있어요.

접촉 면적을 좁게 해서 압력을 크게 한다.
▶ 못이나 송곳, 바늘의 끝을 뾰족하게 만든다.
▶ 칼날의 끝을 좁고 날카롭게 만든다.
▶ 스케이트의 날을 날카롭게 만든다.

접촉 면적을 넓게 해서 압력을 작게 한다.
▶ 스키를 신으면 눈에 빠지지 않는다.
▶ 승용차보다 트럭의 바퀴를 넓게 만든다.
▶ 얼음이 위험할 때, 걷기보다 엎드려서 빠져나온다.

이러한 압력을 눈으로 직접 확인해 보도록 할까요?

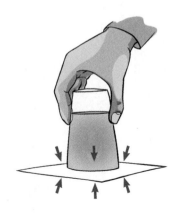

　빨대로 음료수를 빨아올리다가 입에 닿는 부분을 손으로 막으면 빨대 속에 들어 있는 액체는 밑으로 쏟아지지 않아요. 마치 누가 빨대 밑부분을 받치고 있는 것처럼요. 컵에 물을 가득 채우고 비닐로 덮은 후 뒤집으면 컵 속의 물은 어떻게 될까요? 당연히 쏟아질 것 같지만 전혀 그렇지 않죠. 바로 공기가 컵 입구 부분에 압력을 가하고 있기 때문이지요. 그렇게 우리는 보이지 않지만 공기의 압력이 존재한다는 것을 느낄 수 있습니다.

　공기의 압력이 얼마나 큰지 알아볼 수 있어요. 고무판에 냄비 뚜껑을 달아서 탁자 위에 올려놓아 볼까요? 그리고 고무판을 위로 들어 올려 봅시다. 아마도 여러분의 힘으로는 꿈쩍도 하지 않을 거예요. 화장실 벽에 붙이는 일명 '뽁뽁이'라고 불리는 작은 고무판 두 개를 맞붙여 보세요. 그 두 개의 작은 흡착판을 서로 떼어내는 일은 로미오와 줄리엣을 떼어내는 것만큼 힘들답니다.

　공기가 얼마나 압력이 크냐면요, 공기의 무게가 물을 눌러서 10m의 물기둥을 만들 만큼 강하답니다.

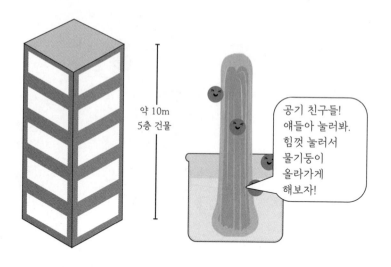

약 10m
5층 건물

공기 친구들!
얘들아 눌러봐.
힘껏 눌러서
물기둥이
올라가게
해보자!

공기의 압력은 사방에서 작용해요. 하지만 우리 몸이나 공기를 넣은 풍선이 공기의 압력에 의해 찌그러지는 모습을 관찰할 수는 없어요. 그 이유는 풍선이나 우리 몸 안에서도 바깥쪽으로 작용하는 힘이 있기 때문이지요.

그렇다면 공기의 압력은 어디에서나 같을까요? 말 그대로 공기가 같은 면적에 누르는 힘이니까 공기가 적은 곳에서는 압력이 작게 나올 거예요. 여러분이 아는 곳 중 공기가 적은 곳은 바로 높은 산의 꼭대기입니다. 높은 곳으로 올라갈수록 공기의 양은 점점 줄어들어요. 그래서 에베레스트산에 올라가는 사람들이 위로 올라갈수록 숨쉬기 어려워하는 것입니다. 높은 산일수록 꼭대기에서 공기의 압력은 작을 거예요.

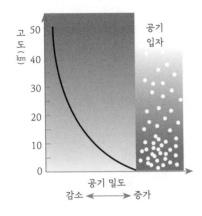

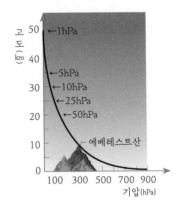

hPa(헥토파스칼)은 프랑스의 수학자 블레즈 파스칼에서 따온 이름으로 Pa(파스칼)라는 단위의 100배를 의미합니다. 1Pa는 $1m^3$에 1N의 힘을 받을 때 압력이지만 너무 작은 값이어서 날씨를 다루는 기상학에서는 100배인 hPa(헥토파스칼)을 사용하지요.

압력에 대해 알고 나니 참 재미있죠? 압력과 관련된 재미있는 실험도 많으니 유튜브에서 '압력 실험'이라는 검색어로 검색해보세요. 압력의 재미있는 세계로 들어와~

이것만은 알아 두세요

1. 단위 면적에 수직으로 가해진 힘을 압력이라고 한다.
2. 기압은 기체의 압력으로 기체 입자가 충돌하면서 주변에 가하는 힘을 말한다.
3. 압력의 단위는 N/m^2이라고 사용한다. 또는 Pa라고 쓰고 파스칼이라고 읽는다.

풀어 볼까? 문제!

1. 연필을 아래와 같이 잡았을 때 연필심으로 잡은 손가락이 더 아프게 느껴진다. 그 이유를 '압력'이라는 단어를 활용하여 적어보시오.

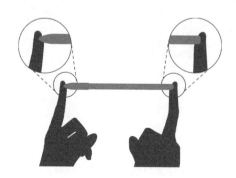

2. 압력에 대한 친구들의 이야기를 읽고, 잘못된 이야기를 골라 바르게 수정하시오.

> 영희: 압력은 단위 면적당 누르는 힘이야.
>
> 문영: 압력은 중력 때문에 생기는 거라 지구의 중심 쪽으로 작용하지.
>
> 수현: 기체의 압력을 기압이라고 해.

정답

1. 같은 힘을 가했지만, 연필심 부분의 면적이 더 작기 때문에 연필심 부분의 압력이 더 크다. 따라서 압력이 큰 연필심 부분의 손가락이 아프게 느껴진다.
2. 문영이의 이야기가 잘못되었다. 압력은 단위 면적에 수직으로 작용하는 힘이므로 사방에서 작용할 수 있다.

4. 보일의 법칙

〈업(up)〉이라는 만화영화를 본 적이 있나요?

영화 속 장면 중 가장 부러웠던 장면은 수많은 풍선을 매단 집이 둥실 떠오르는 장면이었어요. 풍선을 매단 집을 타고 세계 여행을 하면 얼마나 좋을까요? 내 집에 앉아서 편안히 이 나라 저 나라를 구경하며 다닐 수 있으니까요.

그런데 현실에서 정말로 이런 일이 벌어진다면, 풍선을 정말 많이 달아서 집을 하늘로 날려버린다면, 아마 얼마 가지 않아 풍선이 터져서 집이 추락하는 끔찍한 사고가 생길 거예요. 날아가던 새가 부리로 쪼아서 풍선에 구멍이 났기 때문일까요?

풍선이 터진 이유는 '그냥'이에요. 새가 부리로 쪼지 않아도 위로 올라가던 풍선은 점점 커지다가 그대로 '펑' 하고 터져요. 풍선이 왜 터질까요? 그 이유에 대해 알기 위해서 풍선이 부푼 이유부터 알고 있어야 해요. 우리는 풍선을 크게 만들기 위해서 입으로 후~ 하고 풍선에 공기를 불어 넣지요. 그럼 풍선이 빵빵하게 부풀어 오릅니다. 풍선 속에는 우리가 입으로 내뱉은 기체가 가득 차게 될 거에요. 즉 이산화 탄소, 질소, 수증기 등의 입자들이 풍선 안에서 끊임없이 움직이면서 풍선의 안쪽 벽을 툭툭 치게 되지요.

입자 수가 늘어날수록 입자가 풍선의 벽을 치는 횟수가 증가하고, 따라서 압력이 증가하는 것입니다. 결과적으로는 풍선 안쪽의 압력이 점점 커지면서 풍선이 커지게 되겠지요. 아! 그런데 입으로 분 풍선은 뜨지 않아요. 이것은 풍선 안에 들어있는 입자들이 무거운 입자라서 그래요. 무거운 입자 대신에 아주 가벼운 헬륨과 같은 기체를 풍선에 넣어준다면 풍선은 두둥실 떠오르게 될 것입니다.

땅 위에 있던 풍선 모양이 그대로 유지되는 것은 풍선 벽에 가해지는 압력과 풍선 밖에서 풍선에 가해지는 압력이 같기 때문이에요. 그런데 풍선이 하늘로 올라가면 어떤 상황이 벌어질까요?

풍선을 불고 나서 묶어 두었을 때 풍선 안팎의 기체 분자 운동

높이 올라가면 갈수록 공기의 양은 점점 줄어들지요. "공기가 희박해진다."라는 표현을 들어본 적이 있나요? 높이 올라가면 갈수록 지구의 중력이 작게 작용해서 공기를 충분히 끌어당겨 잡고 있지 못하게 돼요. 공기의 입자가 줄어들다 보니 높이 올라갈수록 풍선에 부딪치는 횟수가 감소하여 풍선 바깥에서 풍선에 가하는 압력이 줄어들게 돼요. 풍선 내부의 기체 입자들의 수는 그대로 유지되는데 말이에요.

결국 내부에서 바깥쪽으로 더 강하게 압력을 가하게 되고 풍선은 점점 커지다가 결국은 '펑' 하고 터져 버리고 마는 것입니다.

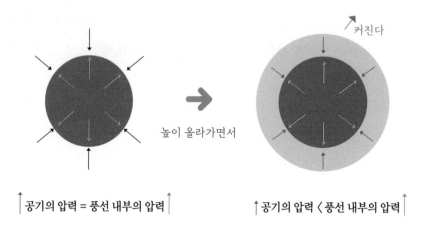

높이 올라가면서

커진다

↑공기의 압력 = 풍선 내부의 압력↑   ↑공기의 압력 〈 풍선 내부의 압력↑

이런 현상은 주사기와 작은 풍선만 있어도 쉽게 확인할 수 있답니다. 작은 풍선을 살짝 분 뒤 주둥이를 묶어서 주사기 안에 넣습니다. 그런 뒤에 주사기의 입구를 단단히 막고 피스톤을 밀었을 때와 당겼을 때 풍선의 크기를 비교해 봅시다.

피스톤을 밀면 풍선의 크기가 쭈그러들어요. 피스톤을 밀면 피스톤 안에 있는 공기 입자들이 움직일 수 있는 공간이 좁아지게 되고, 풍선과 주사기 벽을 치는 횟수가 늘어나면서 압력이 커지게 될 거예요. 그러니 풍선의 크기가 작아지는 거겠죠.

반대로 피스톤을 당기면 피스톤 안에 있던 공기 입자들은 움직일 수 있는 공간이 더 넓어지게 돼요. 그럼 공기 입자들이 풍선과 주사기 벽에 부딪치는 횟수가 줄어들어 압력은 감소할 거예요. 풍선 안에 들어 있는 공기는 그대로니까 결과적으로 풍선은 더 커지겠죠.

피스톤을 누를 때

주사기 속 공기의 부피 감소 → 공기 분자가 주사기 벽에 충돌하는 횟수 증가 →
주사기 내부의 압력 증가 → 풍선에 가해진 압력이 증가하여 풍선이 작아짐.

피스톤을 당길 때

주사기 속 공기의 부피 증가 → 공기 분자가 주사기 벽에 충돌하는 횟수 감소 →
주사기 내부의 압력 감소 → 풍선에 가해진 압력이 감소하여 풍선이 커짐.

영국의 과학자 로버트 보일(Robert Boyle)은 온도가 일정할 때, 압력이 커
지면 부피가 줄어들고, 압력이 작아지면 부피는 커진다는 것을 밝혀냈어요.
그래서 '온도가 일정할 때 압력과 부피가 반비례한다.'는 것을 우리는 보일
(Boyle)의 법칙이라고 해요. 보일의 법칙을 보면 압력과 부피를 곱한 값은 항
상 일정하다는 것을 알 수 있어요. 즉, 압력이 두 배가 되면 부피가 절반이
되어 곱한 값은 항상 변하지 않는다는 의미이지요.

$PV = k$

기체의 압력(P) × 기체의 부피(V) = 일정(k)

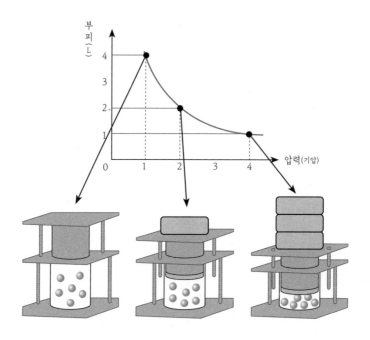

압력에 따른 기체의 부피 변화

즉, 공기의 압력이 2기압일 때 부피가 1L라고 한다면, 압력을 4기압으로 높이면 부피는 0.5L로 줄어드는 것이죠.

2기압 × 1L = 4기압 × ( )L

( ) = 0.5

일의 법칙은 여러 곳에서 관찰할 수 있어요. 잠수부가 물속에서 내뱉은 물방울이 물 위로 떠오르면서 점점 커지는 것도 물의 압력이 위로 갈수록 점점 작아지기 때문이에요. 실제 과자 봉지를 들고 비행기를 타면 과자 봉지가 매우 크게 부풀어 오르는 걸 확인할 수 있어요. 나중에 비행기를 타고 여행을 갈 기회가 생긴다면 초코파이 하나를 꼭 챙겨서 탑승해보세요.

마지막으로 보일의 법칙을 정리해보도록 하겠습니다.

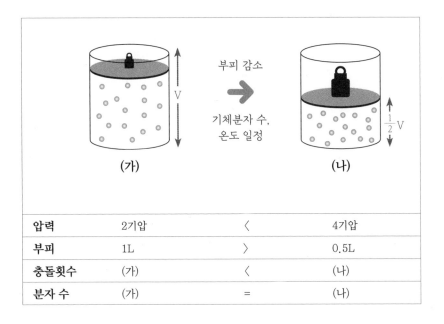

	(가)		(나)
압력	2기압	<	4기압
부피	1L	>	0.5L
충돌횟수	(가)	<	(나)
분자 수	(가)	=	(나)

이것만은 알아 두세요

1. 보일의 법칙 : 기체의 압력과 부피는 반비례한다.

2. 입자의 충돌횟수가 증가할수록 압력이 커진다.

3. 내부의 압력과 외부의 압력이 다를 때, 압력이 같아질 때까지 부피가 변한다.

풀어 볼까? 문제!

1. 피스톤을 당길 때 풍선의 크기 변화를 쓰고, 그렇게 변하는 이유를 A와 B
   의 압력과 입자의 움직임으로 서술하시오

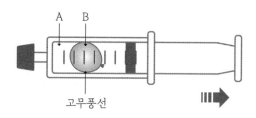

고무풍선

2. 하늘로 올라가는 풍선이 터지는 이유를 '압력'과 '부피'를 이용하여 서술
   하시오.

정답

1. 피스톤을 당기면 고무풍선의 크기가 증가한다. 피스톤을 당기면 A 부분의 부피
   가 증가하므로 입자의 충돌 횟수는 감소하고, 따라서 압력이 감소하기 때문이다.
   A의 압력이 감소하면서 A에 비해 B의 압력이 크기 때문에 압력이 A와 같아질
   때까지 풍선의 부피가 증가한다.
2. 하늘로 올라갈수록 공기의 입자수가 줄어듦에 따라 압력이 감소한다. 따라서 풍
   선에 가해지는 압력이 작아지면서 풍선 속 공기의 부피가 점점 증가하므로 나중
   에는 터지게 된다.

5. 샤를의 법칙

규리는 병 입구에 비눗막을 만들며 놀고 있었어요. 동그란 비눗방울이 병 입구에 자리 잡으면 마치 공기 아이스크림 같아서 재미있었죠. 규리는 점점 더 큰 비눗방울을 만들고 싶었지만 입으로 불다 보면 터지기도 했고, 입으로 분 비눗방울을 병 입구로 옮기기도 쉽지 않았어요.

옆에서 구경하던 오빠가 뜨거운 물을 그릇에 담아 왔어요.

오빠는 무엇을 하려는 것일까요? 뜨거운 물로 비눗방울을 만들려는 것일까요?

오빠는 병 입구에 비누막을 만들었어요. 그리고 뜨거운 물이 담긴 그릇에 병을 넣습니다. 그랬더니 갑자기 마술처럼 비눗막이 부풀어 오르는 것이었어요.

오빠는 "더 재미있는 거 보여줄까?"라고 하더니 이번에는 얼음물이 담긴 그릇을 가져옵니다.

"이 병을 그릇에 넣으면 어떻게 될 거 같아?"

"비누막이 터지려나?"

오빠가 웃으며 병을 얼음물이 담긴 그릇에 담았어요. 그랬더니 비누막이 구멍이 난 것처럼 확 줄어드는 거예요. 도대체 비누막이 담긴 병 안에서는 어떤 일이 벌어진 것일까요?

뜨거운 물에 병을 담갔을 때 비누막이 부풀어 오르는 이유에 대해 생각해 보아요.

일단 뜨거운 물에 병을 넣으면 병 공기 입자의 개수가 늘어나서 비누막이 부푸는 것일까요? 하지만 병의 입구는 비누막에 가로막혀 있으니 병 안에 있는 입자의 개수는 변하지 않을 거예요. 그렇다면 뜨거운 물로부터 에너지를 받아서 공기 입자의 크기가 커지는 것일까요? 하지만 입자의 크기는 변하지 않아요.

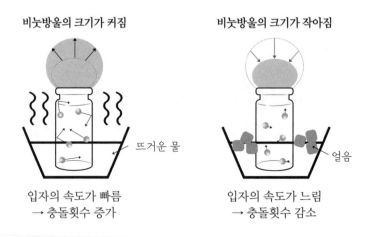

비눗방울의 크기가 커짐	비눗방울의 크기가 작아짐
뜨거운 물	얼음
입자의 속도가 빠름 → 충돌횟수 증가	입자의 속도가 느림 → 충돌횟수 감소

그렇다면 같은 크기, 같은 개수의, 병 안의 공기 입자가 더 빨리 움직여서 비누막을 부풀게 하는 걸까요? 우리는 증발을 배우면서 입자들의 에너지는

열이라는 것을 배웠어요. 입자에 열을 가해주면 입자의 속도는 증가하게 됩니다. 입자들이 빠르게 움직이면서 비누막과 더 많이 충돌하게 되죠. 그럼 압력이 높아지게 되고 비누막의 바깥쪽과 압력이 같아질 때까지 비누막을 부풀게 하는 거예요.

반대로 얼음물에 담갔던 병의 비누막이 오히려 병 안쪽으로 빨려 들어가듯이 옴폭 파인 것은 왜일까요? 병 안의 공기 입자들의 속도가 줄었기 때문이죠. 속도가 감소하면서 공기 입자들이 병 안쪽과 비누막에 충돌하는 횟수가 줄어들고, 결과적으로 병 내부의 압력이 감소했죠. 병 바깥쪽의 공기 압력이 더 크기 때문에 비누막 안쪽의 압력과 같아질 때까지 비누방울 크기가 점점 작아지는 거예요.

비슷한 현상을 짜장면을 배달해서 먹을 때도 관찰할 수 있어요. 짜장면 위에 랩이 어떻게 씌워져 있는지 기억해보아요. 아마 옴폭 패여 있는 것을 확인할 수 있을 텐데요. 뜨거운 면이 담긴 그릇에 랩을 덮으면 조금 후 아주 살짝 부풀어 오르는 것을 확인할 수 있어요. 뜨거운 면으로 인해 공기 입자의 운동 속도가 증가하고 랩 안쪽의 공기 압력이 커지면서 부풀어 오르는 것이지요. 하지만 배달이 되는 동안 온도가 내려가고, 공기 입자의 속도는 감소하게 되면서 압력이 줄어들어 안쪽으로 움푹 파이게 됩니다.

프랑스의 과학자 자크 A. C. 샤를(Jacques Alexandre César Charles)은 기체의 부피와 온도 사이의 관계에 대해 이렇게 설명했어요.

"압력이 일정할 때, 온도가 올라가면 기체의 부피는 증가한다."라고 말이죠. 온도가 1℃ 올라갈 때마다 0℃ 때 부피의 1/273만큼씩 커지게 돼요.

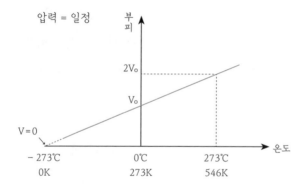

예를 들어 0℃에서 부피가 10L인 기체가 있을 때, 온도를 273℃로 올려 주면 부피는 20L가 되는 것이죠. 그리고 온도가 점점 낮아져서 -273℃가 되면 부피가 거의 0이 된답니다. 분자의 운동이 거의 0이 되는 온도, 즉 -273℃를 '절대영도(0K)'라고 부르고, 단위는 K라고 적고 켈빈이라고 읽어요. 아마 여러분이 고등학교에 진학하면 다시 절대온도의 개념을 학습하게 될 것입니다.

하지만 중학생인 여러분이 기억해야 하는 사실은 온도와 부피가 비례한다는 것이에요! 숫자로 계산하는 것까지는 하지 않아도 된답니다.

부피가 증가하는 이유도 잊지 마세요. 부피가 증가하는 이유는 가해진 열로 인해서 입자들의 속도가 빨라졌기 때문입니다. 헷갈리지 않아야 하는 것은 섭씨 온도가 2배 올라갔다고 해서 속도가 2배 빨라지지는 않는다는 사실이죠.

0℃　　　　　　100℃　　　　　　　273℃

기체 부피: 1L　　　기체 부피: 1.4L　　　기체 부피: 2L

온도에 따른 부피 변화 정도

샤를(Charles)의 법칙이라고 불리는, 기체의 온도와 부피와의 관계는 우리 주변에서도 쉽게 찾아볼 수 있어요. 여름철에는 자동차 타이어의 바람을 좀 적게 넣어야 해요. 뜨거운 아스팔트를 달리면서 타이어 속의 공기 부피가 증가할 테니, 타이어의 바람을 꽉 채워 넣었다가는 터질 수 있거든요. 찌그러진 공을 뜨거운 물에 넣어도 다시 팽팽하게 펴지죠. 하지만 공기 중으로 꺼내 놓으면 온도가 낮아지면서 다시 찌그러지겠죠?

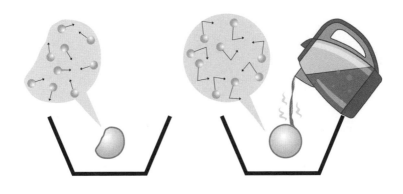

찌그러진 탁구공 펴기

뜨거운 국을 담은 그릇이 식탁 위에서 혼자 움직이는 것도 마찬가지 현상
이에요. 뜨거운 음식을 담은 그릇의 받침 안에 있던 공기 입자들의 속도가
빨라지고, 이는 부피가 증가하는 결과를 가져오죠. 그렇게 공기의 부피가 증
가하면서 마치 자기부상열차처럼 공중에 살짝 떠서 마찰력이 없어지며 움직
이는 것이랍니다. 그릇이 움직이는 것을 방지하기 위해 요즘은 그릇의 받침
부분에 작은 홈을 파서 공기가 밖으로 빠져나가게 해주기도 하죠.

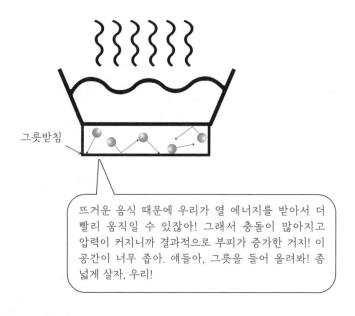

그릇받침

뜨거운 음식 때문에 우리가 열 에너지를 받아서 더
빨리 움직일 수 있잖아! 그래서 충돌이 많아지고
압력이 커지니까 결과적으로 부피가 증가한 거지! 이
공간이 너무 좁아. 얘들아, 그릇을 들어 올려봐! 좀
넓게 살자, 우리!

우리 주변에서 볼 수 있는 샤를의 법칙을 친구들과 함께 찾아보세요. 즐거
운 생활 속 과학 시간이 될 수 있어요.

이것만은 알아 두세요

1. 샤를의 법칙: 압력이 일정할 때 온도와 부피는 비례한다.

2. 온도가 높아지면 입자의 속력이 빨라진다.

3. 입자의 속력이 빨라지면 충돌횟수가 늘어나 압력이 증가한다. 이때 늘어난 압력이
   다시 줄어들어 일정해질 때까지 부피가 증가한다.

풀어 볼까? 문제!

1. 뜨거운 물속에 찌그러진 탁구공을 담그면 일어나는 현상을 적고, 〈보기〉
   의 용어를 모두 포함하여 그 원인에 대해 서술하시오.

---〈보기〉---
입자의 속도, 입자의 충돌 횟수, 열

2. 샤를의 법칙을 관찰할 수 있는 예시를 2가지 적어보시오.

정답

1. 뜨거운 물로 인해서 탁구공 안에 있는 입자들이 열을 받아 속도가 빨라지게 되고, 충돌 횟수가 증가하면서 탁구공 안의 부피가 증가하여 찌그러진 탁구공이 펴진다.
2. 더운 여름철 아스팔트 위를 달리는 타이어가 팽팽해진다.

   뜨거운 물에 과자 봉지를 넣으면 봉지가 빵빵하게 부푼다.

안녕? 난 상태야. 고체, 액체, 기체 같은
것을 물질의 상태라고 해.

그런데 상태가 변한다는 말이 있던
데… 너 변신이 가능하니?

흐흐흐 맞아. 내가 좀 변신이 자유롭지.

 대단한 마법이다. 끝내준다!
그럼 막 오줌도 금으로 만들 수 있고 그래?

아니! 그럼 좋겠지만 상태만 변하는 거야.
말 그대로 물이 녹거나 물이 얼거나 뭐 이런 거 말이야.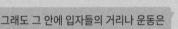

 아… 실망. ㅠㅠ….

그래도 그 안에 입자들의 거리나 운동은
엄청 변해.

 입자? 상태 변화?
초등학교에서는 고체, 액체, 기체만 배웠거든.

걱정하지 마. 내가 고체, 액체, 기체를
아주아주 자세히 들여다보면서 그 안에서
어떤 일들이 벌어지는지 알려줄게.

어려운 거 아니야??

흐흐흐. 화학 단원 중에서 어쩌면 가장 이해하기 쉽고,
실생활 이야기가 가장 많은 단원이야. 걱정하지 마.

1. 모여라! 흩어져라! 고체·액체·기체

"딩동 딩동."

수업이 끝났습니다. 드디어 쉬는 시간. 친구들과 모여 재미있는 이야기를 나누기도 하고 화장실을 다녀오기도 합니다. 다음 수업 시간은 체육 시간이에요. 체육복을 갈아입고 운동장에서 신나게 축구를 합니다. 넓은 운동장에 모든 친구들이 흩어져 있군요. 평범한 학교의 모습은 얼음이 녹아서 물이 되고, 또 다시 열을 가해서 수증기가 되는 현상과 공통점이 있어요. 무엇일까요?

우리는 초등학교 때 고체, 액체, 기체의 의미를 배웠습니다. 딱딱하고 모양이 있으며 그것이 변하지 않는 것은 고체, 특별한 모양 없이 담는 그릇에 따라 모양이 달라지지만 부피는 일정한 것을 액체, 부피도 일정하지 않고 모양도 없는 것을 기체라고 하지요. 그리고 고체, 액체, 기체에 해당하는 다양한 물질들을 살펴보았습니다.

	고체	액체	기체
흐르는 성질	없음	있음	있음
부피의 변화	없음	없음	있음
모양의 변화	없음	있음	있음

초등학교 때는 고체와 액체, 기체가 눈으로 보았을 때 어떤 특징이 있는지 알아보았다면, 중학교에서는 고체, 액체, 기체를 이루고 있는 입자들을 살펴보고 각 상태 사이의 변화에 대해 알아보는 단계입니다.

여기서 잠깐! 여러분들이 많이 헷갈려 하는 것이 있습니다. 물을 끓일 때 나오는 하얀색 김이 액체인지 기체인지 하는 것인데요. 수증기 상태는 입자들이 모여 있지 않기 때문에 우리 눈에 보이지가 않습니다. 입자들이 뭉쳐 있어야 우리 눈에 보이게 되는 것이지요. 즉, 물을 끓일 때 나오는 김은 이미 하얀색으로 여러분 눈에 보이는 것이니 기체가 아닌 액체 상태입니다.

이미 눈에 하얀색으로 보였다면 수증기 입자들이 여러 개 뭉쳐서 물이 되었다는 이야기야. 기체처럼 날아다닌다고 해서 다 기체인 건 아니란다.

물을 이루고 있는 작은 입자들이 어떻게 달라지길래 물맛은 그대로인데 얼음처럼 딱딱해졌다가, 물처럼 찰랑거렸다가, 수증기처럼 눈에도 안 보이는 작은 것이 되는 걸까요?

얼음, 물, 수증기 모두 우리들이 수없이 많이 모여 있는 것이야. 그렇지만 얼음, 물, 수증기에서 우리들이 배열해 있는 모습은 달라.

눈에 보이지도 않는 작은 물 입자를 이해하기 위해 스타이로폼 구(球)로 알아보도록 해요.

물을 이루는 작은 입자를 스타이로폼 구라고 생각해 봅시다. 스타이로폼 구 10개를 바닥에 놓고 한곳에 모아 봅니다. 스타이로폼 구가 한곳에 빽빽하게 모여 있는 상태가 고체입니다. 서로서로 너무 빽빽하게 모여 있어서 움직이기도 쉽지 않아요. 마치 사람이 꽉 찬 지하철처럼 말이에요. 그래서 고체는 모양이 변하지 않고 그대로 유지되는 것이지요.

이번에는 스타이로폼 구를 약간 흐트러려 봅시다. 고체 상태보다는 구 사이의 간격을 약간 벌려 주세요. 스타이로폼 구 사이의 간격이 벌어지니 조금 더 움직일 수 있는 여유가 생겼어요. 이것이 액체 상태로, 모양이 정해진 고체와는 달리 그때그때 변할 수 있는 것이지요. 그리고 벌려진 간격만큼 액체가 차지하는 공간, 즉 부피는 고체에 비해서 커지는 것이지요. 그래서 물을 제외한 대부분의 고체는 액체가 되면서 부피가 증가한답니다.

이번에는 스타이로폼 구 가운데에 '후' 하고 바람을 불어봅시다. 스타이로폼 구가 바닥에 완전히 퍼지도록 말입니다. 바로 이 상태가 기체 상태입니다. 물을 이루던 입자들이 더 이상 근처에 모여 있지 않고 넓은 공간으로 흩어져 버린 상태가 수증기입니다. 그런데 물은 왜 고체의 부피가 더 큰 것일까요? 일반적으로 액체 상태의 입자가 고체 상태의 입자보다 자유롭게 움직일 수 있어서 차지하는 부피가 더 커졌는데 말이에요.

물 입자들은 얼음이 되기 위해 가까이 모일 때 다닥다닥 붙지 않고 가운데가 뻥 뚫린 육각형의 형태로 배열을 하게 됩니다. 육각형 내부의 빈 공간 때문에 물보다 얼음일 때 부피가 커지게 됩니다. 부피가 커지면서 가벼워지니 얼음이 물 위에 뜨는 것이지요.

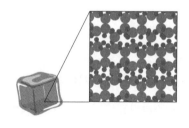 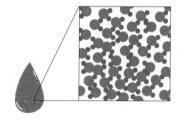

자, 이번에는 고체, 액체, 기체의 또 다른 차이점을 알아보려고 합니다.

지금까지 알아봤던 차이점은 고체는 입자의 배열이 규칙적이고, 액체는 고체보다는 약간 흐트러져 있고, 기체는 완전히 자유로운 입자 상태라고 했었지요. 그러다 보니 입자 사이의 간격이 달라졌어요. 고체는 입자 사이의 간격이 가장 가깝고, 액체는 그보다 조금 멀어요. 그리고 기체는 입자 사이의 간격이 제일 멀죠(물론 물은 예외랍니다).

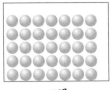  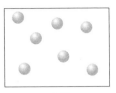

고체
분자 사이의 간격이
매우 조밀함

액체
분자 사이의 간격이
고체보다는 조금 멀어짐

기체
분자 사이의 간격이
매우 넓음

그렇다면 입자들 사이에 인력(引力)은 어떨까요? 인력이란 끌어당기는 힘을 말하지요. 그 반대말은 척력(斥力)이고요. 입자들 사이에 끌어당기는 힘은 고체와 액체, 기체 중 누가 가장 강할까요?

입자들이 서로 움직이지 않고 고정되어서 가까이 있으려면 입자들 사이에 끌어당기는 힘이 가장 강해야 할 거예요. 그 힘이 조금 약화되면 입자들 사이의 간격이 약간 벌어질 테고요. 기체는 입자가 매우 자유롭게 움직이고 있는 상태니까 인력이 가장 약할 거예요. 인력은 매우 중요한 역할을 해요. 인력이 강하다는 말은 입자들이 그 상태를 벗어나기 힘들다는 말이에요. 즉, 고체 상태에서 배열되어 있던 입자가 액체처럼 흩어지기 위해서는 강한 인력을 이겨낼 만한 에너지가 필요하다는 이야기죠.

그렇다면 세 가지 상태에서의 질량 변화에 대해 알아봅시다. 플라스틱병에 절반 정도 물을 담고 질량을 측정해보아요. 플라스틱병을 얼린 후 다시 질량을 측정해보면 질량의 변화가 없다는 것을 확인할 수 있지요. 질량의 변화가 없는 이유를 입자들로 설명해 볼까요?

플라스틱병 안에 물 입자 10개가 들어 있다고 가정하고, 그것을 그대로 얼리면 물 입자 사이의 간격은 변화하지만 개수는 변화하지 않아요. 입자의 개수가 변하지 않기 때문에 질량이 변하지 않는 것이지요.

물이 든 페트병   얼린 페트병

액체와 기체 사이의 변화에서도 질량 변화는 없어요. 비닐봉지 안에 아세톤 몇 방울을 떨어트린 후 입구를 묶어요. 그리고 뜨거운 물에 담가 액체 아세톤을 기체 상태로 만들어주면 비닐봉지는 빵빵하게 부풀어 오른답니다. 하지만 입구를 묶어 놓았기 때문에 입자들이 바깥으로 나가지는 못하고, 결과적으로 질량은 변하지 않을 거예요. 물론 부피가 증가했다는 것은 입자 사이의 거리는 엄청나게 멀어졌다는 것을 의미하지요.

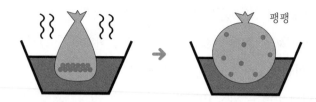

지금까지의 고체와 액체, 기체의 차이점을 정리해 보아요.

	고체	액체	기체
배열	규칙적이다.	약간 불규칙적이다.	불규칙적이다.
입자 사이의 거리	고체 〈 액체 〈 기체(물 제외)		
부피	고체 〈 액체 〈 기체(물 제외)		
인력	고체 〉 액체 〉 기체		
질량	고체 = 액체 = 기체		

┌─ **이것만은 알아 두세요** ──────────────────────

1. 입자들이 빽빽하게 모여 있는 상태를 고체, 약간의 거리가 있는 것을 액체, 완전히 멀리 떨어져 있는 것을 기체라고 한다.
2. 상태가 변할 때 입자의 개수는 변하지 않으므로 질량은 그대로이다.
3. 상태가 변할 때 입자의 거리는 변하므로 부피는 변한다.
4. 대부분의 물질이 고체에서 액체, 액체에서 기체로 변할 때 입자 사이의 거리가 멀어지고, 입자들 사이에 서로 끌어당기는 힘이 작아진다.

풀어 볼까? 문제!

1. 일반적으로 고체에서 액체로, 액체에서 기체로 상태가 변할 때 물질의 부피와 질량은 어떻게 되는지 적고, 그렇게 변하는 이유에 대해 서술하시오.

2. 아래 세 개의 그림을 보고 기체, 액체, 고체 상태를 추측하여 적고, 그렇게 추측한 이유를 기술하시오.

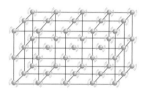 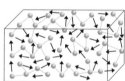 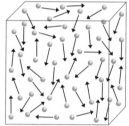

정답

1. 고체에서 액체, 기체로 변할 때 입자 간의 거리가 커지므로 부피가 증가하지만, 입자의 개수는 변하지 않으므로 질량은 변하지 않는다.

2. 순서대로 고체, 액체, 기체이다. 입자의 운동이 가장 적은 것은 고체, 가장 운동이 많은 것은 기체, 중간 것이 액체이다. 또는, 입자의 배열이 가장 규칙적인 첫 번째 그림이 고체, 입자의 배열이 가장 불규칙한 세 번째 그림이 기체, 두 번째 그림이 액체이다.

2. 상태 변화에 이름 붙이기

"어? 설탕이 물에 다 녹아버렸네."

오빠가 설탕을 물에 녹이는 걸 본 규리의 머릿속에는 아이스크림이 녹아서 줄줄 흐르는 모습이 떠올랐어요. 하지만 설탕이 녹는 건 아이스크림이 녹는 것과 달리 설탕이 물속으로 사라지는 것이었지요.

"오빠, 아이스크림이 녹는 것도 '녹는다'라는 말을 쓰고, 설탕이 물에 녹는 것도 '녹는다'라는 말을 쓰는데 도대체 뭐가 달라?"

오빠가 답해주었어요. 설탕이 물에 녹는 것은 과학적으로는 '용해'라는 단어를 쓰는데, 이것은 액체나 기체에 어떤 물질(고체, 액체, 기체)이 골고루 섞이는 거래요. 그리고 아이스크림이 녹는 것은 고체에서 액체로 상태가 변하는 것으로 '융해'라고 했어요.

그렇다면 모든 상태 변화에 이름이 있을까요? 물론입니다! 액체에서 고체로, 기체에서 액체로, 고체에서 기체로 변하는 과정까지도 모두 이름이 있습니다. 각 상태 변화 과정의 이름을 알고 우리 주변에서 찾아보아요.

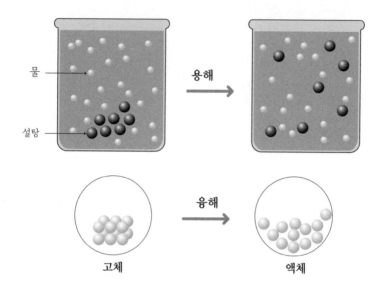

한여름이 되자 고체였던 아이스크림이 금방 녹아서 뚝뚝 흘러내립니다. 고체에서 액체가 되는 변화는 융해라고 부릅니다. 얼음이 녹아서 물이 되는 것, 단단했던 초콜릿이 녹는 것도 융해입니다.

반대로 액체에서 고체가 되는 과정은 응고입니다. 응고는 액체였던 무언가가 '굳는 것, 어는 것'으로 물이 얼음으로 어는 것, 녹았던 초콜릿이 다시 딱딱하게 굳는 것입니다.

초콜릿과 얼음 말고도 우리 주변에 있는 융해와 응고를 찾아봅시다. 겨울철 고드름이 생기는 것은 물이 얼음이 되는 것이므로 응고입니다. 코코넛 오일이나 돼지기름을 차가운 냉장고에 넣으면 하얗게 굳는데, 이것 역시 응고라고 할 수 있어요. 반대로 고드름이 물이 되어 녹는 것, 그리고 코코넛 오일이나 돼지기름이 온도가 높아지면서 액체로 되는 것은 융해라고 할 수 있어요.

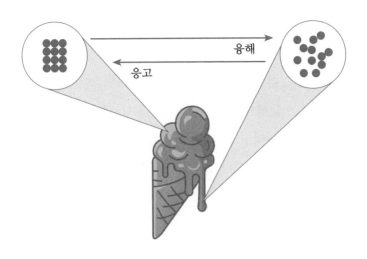

이번에는 액체가 기체로 변하는 과정을 찾아볼까요? 젖은 빨래를 널어두면 뽀송뽀송하게 마르는 것을 볼 수 있습니다. 세수한 후 얼굴을 수건으로 닦지 않아도 조금 후면 물기가 모두 마르지요. 어항 속의 물이 조금씩 줄어드는 것도, 비 온 후 젖었던 땅이 다시 마르는 것 역시 물이 수증기로 변했기 때문입니다. 물뿐만 아니라 알코올이나, 엄마가 매니큐어를 지울 때 사용하는 아세톤과 같은 액체도 모두 기체로 변할 수 있습니다. 알코올 솜으로 피부를 닦고 나면 금세 말라버리는 경험은 누구나 했을 것입니다. 이렇듯 액체가 기체로 변하는 과정을 기화라고 합니다.

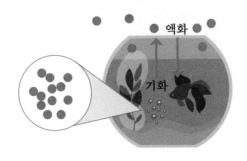

반대로 기체가 액체로 변하는 과정은 액화라고 합니다. 새벽에 이슬이 생기는 것은 공기 중의 수증기가 온도가 내려가면서 물로 변했기 때문입니다. 시원한 물을 따라둔 물컵 표면에 물방울이 만들어지는 것도 같은 이유이지요.

가끔 친구들 중 몇몇은 물컵 안에 있던 물이 새어 나와 물방울이 맺혔다고 생각하는 친구가 있는데요, 그렇다면 컵 안 물의 양이 엄청 줄어들어야 할 것입니다. 만약 사이다라도 따라두었다면 컵 표면이 끈적끈적해지겠지요? 하지만 전혀 그렇지 않아요. 차가운 물을 담은 컵 표면에 생긴 물방울은 공기 중의 수증기가 컵 표면에 모여서 만든 물방울이기 때문이지요.

이것 말고도 라면을 먹을 때 안경에 하얗게 김이 서리는 것도 라면에서 올라온 수증기가 차가운 안경에 부딪치면서 물로 액화된 것입니다. 목욕탕에서 신나게 샤워를 하고 난 후 거울에 낀 하얀 김도, 천장에 맺힌 물방울 역시 모두 수증기가 액화된 것이지요.

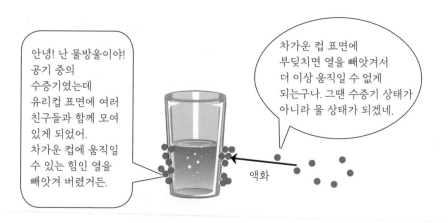

마지막으로 고체와 기체 사이의 과정을 우리 주변에서 찾아봅시다. 여러분은 아이스크림을 좋아하나요? 아이스크림 케이크를 사면 함께 포장해 주는 것이 있습니다. 바로 드라이아이스지요. 드라이아이스는 이산화 탄소라는 기체에 엄청난 압력을 주어서 고체로 만든 것입니다. 드라이아이스를 만드는 과정, 즉 기체에서 고체가 되는 변화를 승화라고 부릅니다.

드라이아이스 말고도 겨울철 유리창에 끼는 성에도 승화의 예입니다. 공기 중의 수증기가 낮은 온도로 인해 물로 변하지 않고 바로 얼음으로 얼어버리는 것이지요. 기체에서 고체가 되는 승화입니다.

승화

우린 원래 수증기 상태로 있었는데, 온도가 급격히 떨어지면서 우리끼리 이렇게 모이게 되었네.

그런데 이 드라이아이스를 가만히 두면 점점 작아지는 것을 관찰할 수 있습니다. 드라이아이스는 어디로 사라진 것일까요? 바로 고체가 되었던 이산화 탄소가 다시 기체로 날아간 것이랍니다. 이렇게 고체가 기체로 되는 변화도 승화라고 부릅니다. 고체와 기체 사이의 변화는 양쪽 모두 승화라고 부른다는 사실을 잊지 마세요. 고체가 기체로 되는 승화는 눈 내린 추운 겨울 그늘진 곳에서 찾아볼 수 있습니다. 눈이 온 후 해가 비치면 눈이 녹아 빗물처럼 흘러내리는 모습을 보았을 것입니다. 그런데 그늘진 곳은 눈이 잘 녹지 않죠. 하지만 며칠이 지나고 나면 어느샌가 눈이 보이지 않고 사라진 것을 관찰할 수 있는데요, 얼음이 매우 천천히 기체로 날아간 것이지요. 이렇듯 우리 주변에서 고체, 액체, 기체 사이의 상태 변화를 찾아볼 수 있습니다.

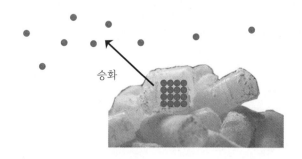

승화

다시 한번 마지막으로 정리해볼까요? 고체가 액체로 될 때는 융해, 액체가 고체로 될 때는 응고, 액체가 기체로 될 때는 기화, 기체가 액체로 될 때는 액화, 그리고 고체와 기체 사이는 모두 승화라고 부른답니다. 중학교 시험에 자주 나오는 용어들이니 꼭 알아 두세요.

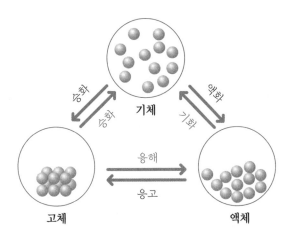

덧붙여 이러한 상태 변화가 일어날 때 변하는 것, 변하지 않는 것 역시 알고 있을 필요가 있어요. 또한 각 상태 변화에 따른 실생활 예시를 반드시 연결해서 알아두도록 합시다.

이것만은 알아 두세요

고체, 액체, 기체 세 가지 상태의 변화 용어는 융해, 응고, 기화, 액화, 승화이다.

고체 → 액체	융해
액체 → 고체	응고
액체 → 기체	기화
기체 → 액체	액화
고체 ↔ 기체	승화

풀어 볼까? 문제!

1. 아이스크림이 녹을 때 볼 수 있는 상태 변화의 용어를 적고, 또 다른 예를 찾아 적어보시오.

2. 고체에서 기체로의 승화, 기체에서 고체로의 승화 각각의 예시를 하나씩 적어보시오.

정답

1. 융해. 초콜릿이 녹는 것, 얼음이 녹는 것 등이 융해의 예이다.
2. 고체에서 기체로의 승화는 응달에서 사라지는 눈이 있고, 기체에서 고체로의 승화는 성에가 있다.

3. 상태가 변할 때의 온도

출출한 오후. 라면을 끓여 먹으려고 합니다. 냄비에 물을 올린 후 친구들과 메시지로 이야기를 나누다가 그만 물을 끓이고 있단 사실을 잊어버렸습니다. '보글보글' 물이 끓는 소리가 요란해서 정신을 차리고 부엌으로 가보니 냄비 속 물이 절반이나 사라져버렸습니다. 모두 수증기로 날아가버린 것이지요. 그런데 갑자기 궁금해집니다. 이렇게 오랫동안 계속 열을 가했는데도 이 물은 계속 100℃였을까요?

우리는 입자들의 움직임으로 고체, 액체, 기체를 살펴보았습니다. 입자들이 한곳에 모여서 거의 움직이지 않고 있으면 고체, 약간의 움직임이 있으면 액체, 그리고 마음대로 움직이면 기체라고 말이지요. 그리고 고체, 액체, 기체와 같이 물질의 상태가 변화하는 과정에 대해서도 알아보았습니다. 고체가 액체로 바뀌면 융해, 액체가 고체로 바뀌면 응고, 액체가 기체로 바뀌면 기화, 기체가 액체로 바뀌면 액화, 그리고 고체와 기체 사이의 변화는 승화라고 말입니다. 그렇다면 이렇게 상태가 변화할 때 입자들의 배열은 어떻게 변하고, 왜 변하는 것일까요?

라면을 먹기 위해 물을 끓이는 과정을 생각해 봅시다. 액체 상태였던 물이 기체 상태였던 수증기로 변하기 위해서는 한곳에 모여 있던 입자들이 활발히 움직이면서 자유롭게 돌아다닐 수 있어야 합니다. 여러분은 자유롭게 움직이기 위해서, 몸을 활발하게 사용하기 위해서 무엇이 필요한가요? 바로 에너지가 필요합니다. 배가 너무 고프면 움직일 기운이 없잖아요. 입자들도 마찬가지입니다. 밥이 필요하죠. 입자에게 필요한 밥은 바로 열입니다.

즉, 입자들이 자유롭게 움직이기 위해서는 열이 반드시 필요합니다. 자유롭게 움직인다는 것은 끌어당기는 힘인 인력을 끊어내고 입자들의 속도가 빨라진다는 뜻이지요.

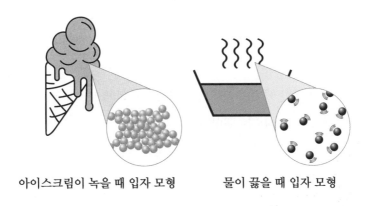

아이스크림이 녹을 때 입자 모형　　　물이 끓을 때 입자 모형

냄비에 물을 넣고 열을 가해주는 상황을 상상해 봅시다. 그리고 냄비 안에는 온도계를 넣어서 물의 온도가 어떻게 올라가는지 함께 확인하려고 해요.

디지털 온도계 ⟶

60

보글보글 한다고 모두
물입자는 아니야.
아직 100도가 아니잖아!
우리는 물속에 녹아있던
산소 같은 기체들이야.

가스레인지 위에 올려놓고 시간이 조금 지나고 나면 보글보글 끓는 모습을 볼 수 있어요. 이것은 물이 수증기가 되어 공기 중으로 빠져나오는 것이 아닙니다. 물속에 있던 공기들이 물 밖으로 빠져나오는 것이지요. 물이 열을 충분히 받아서 수증기가 되어 공기 중으로 나오려면 아직 멀었습니다. 계속해서 열을 가해주니까 물의 온도는 계속해서 올라가는군요. 보글보글 하면서 물속에 있던 공기들이 점점 활발하게 빠져나옵니다. 하얀 김도 조금 보이구요.

열을 계속 가하면 어느 순간부터는 엄청 활발하게 보글보글 물이 끓기 시작합니다. 그리고 이때에는 냄비 위에 하얀 김도 무럭무럭 피어오르는 것을 관찰할 수 있지요. 온도계를 한번 살펴볼까요? 100℃를 가리키고 있습니다. 그런데 이상한 일이 벌어졌습니다. 한여름 들풀처럼 쑥쑥 올라가던 온도가 고장 난 듯 거의 변하지 않고 있네요. 온도계의 눈금은 물이 끓고 있는 순간에 마치 정지한 것처럼 계속해서 100℃를 가리킵니다. 물이 수증기로 변해서 점점 줄어드는 동안 온도는 아주 약간만 올라갈 뿐이에요. 왜 이런 일이 벌어질까요?

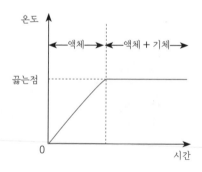

처음 열을 가하면 물 입자들은 조금씩 움직이기 시작합니다. 조금씩 열을 받으면서 움직일 수 있는 힘을 모으고 있는 것이지요. 이 동안 가해지는 열만큼 온도계의 눈금은 계속해서 올라갑니다. 그리고 어느 순간 물 입자가 공기 중으로 나갈 수 있을 만큼의 에너지가 쌓이면 입자들은 친구들의 손을 놓고 하늘로 훨훨 날아오르게 됩니다. 바로 수증기가 되는 순간이지요. 좀 더 과학적인 표현으로, 입자들 사이의 인력을 끊고 기화하게 됩니다.

이때 우리가 주는 열은 물의 온도를 올리는 데 사용되는 것이 아니라, 기존 액체 입자들의 인력을 끊는 데 사용됩니다. 그러니 물의 온도는 올라가지 않고 제자리를 맴도는 것이지요. 우리는 물 입자가 수증기가 되어 공기 중으로 날아가는 온도, 열을 계속 가하지만 온도가 더 이상 올라가지 않는 온도를 끓는점이라고 부릅니다. 그래서 물의 끓는점을 100℃라고 이야기하는 것이지요. 물의 양이 많건 적건 간에, 가스불이 세건 약하건 간에 물은 100℃에서 수증기로 날아가게 됩니다. 단지 물이 많으면 끓는점 온도까지 올라가는 시간이 길어질 뿐이겠지요.

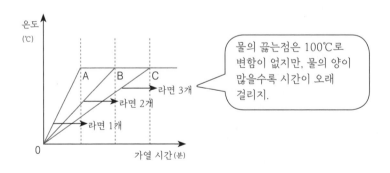

물의 양뿐만 아니라 불의 세기도 시간을 더 걸리게 하는 요인 중 하나예요. 하지만 불의 세기에 따라 끓는점이 변하지는 않는답니다.

물 이외의 다른 액체의 끓는점도 알아볼까요? 예를 들어 주사를 맞을 때 소독용으로 사용하는 알코올의 경우는 물보다 낮은 온도인 78℃에서 끓습니다. 78℃가 되면 알코올 입자들이 친구들의 손을 놓고 공기 중으로 날아갈 수 있다는 의미예요. 끓는점은 물질의 특성으로 물질마다 값이 다르답니다. 어떤 물질의 끓는점이 78℃라고 한다면 이 물질이 알코올, 즉 에탄올(C_2H_5OH)임을 짐작할 수 있는 것이죠. 어떤 물질임을 짐작하게 해주는 물질의 특성은 뒤에서 다시 자세히 배우도록 해요.

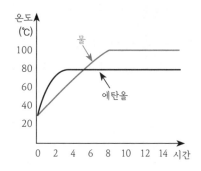

이번에는 액체와 고체 사이의 온도도 측정해 보도록 해요.

물을 냉각제(보통은 소금과 얼음을 섞어요)로 얼리면 물의 온도가 점점 감소합니다. 그러다 0℃ 부근이 되면 감소하던 온도가 제자리에서 맴돌죠. 이렇게 온도가 일정한 구간에는 어떠한 일이 벌어지는 것일까요? 액체가 고체가 되기 위해서는 입자가 가진 에너지가 감소해야 합니다. 즉, 가진 에너지가 밖으로 방출되면서 움직임이 덜해지고 입자들이 규칙적으로 배열을 하게 되죠.

이렇게 에너지를 빼앗기며 규칙적으로 입자가 배열되는 시간에는 온도 변화가 없습니다. 우리는 이러한 온도를 물질의 어는점이라고 하고, 물의 경우 0℃ 부근에서 관찰할 수 있습니다.

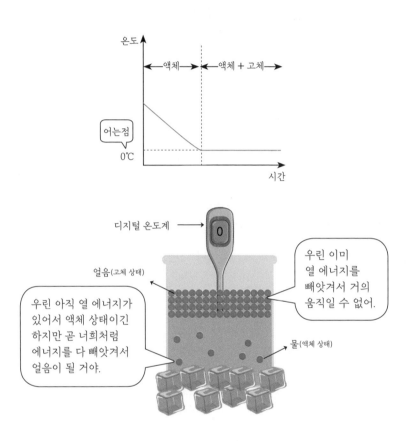

고체에서 액체로 가는 융해 과정에서도 온도가 일정한 구간이 있어요. 얼음이 물로 되는 녹는점이 존재한다는 것이지요. 그렇다면 녹는점과 어는점은 언제가 같을까요? 물 같은 경우는 0℃에서 얼고, 녹기 때문에 어는점과 녹는점이 같아요.

그런데 한천이라는 물질이 있어요. 도토리묵과 같은 뭉글뭉글한 느낌의 물질이죠. 고체의 한천이 녹을 때는 80℃가량이지만, 다시 고체로 굳을 때는 30~40℃의 온도입니다. 즉, 녹는점과 어는점이 언제나 같은 것은 아니에요.

또 헷갈리기 쉬운 것 중 하나는 끓는점, 녹는점, 어는점이 언제나 고정되는 것은 아니라는 점이에요. 압력이 낮으면 물은 100℃보다 낮은 온도에서도 끓는답니다. 압력에 따라 끓는점이나 어는점의 온도가 변하기 때문이죠.

이것만은 알아 두세요

1. 상태가 변할 때는 온도가 일정하게 유지되는데, 이러한 온도를 끓는점, 녹는점, 어는점이라고 한다.
2. 끓는점: 액체가 기체가 되는 온도
3. 녹는점: 고체가 액체가 되는 온도
4. 어는점: 액체가 고체가 되는 온도

풀어 볼까? 문제!

1. 아래 그래프는 물이 얼 때의 온도를 측정한 것이다. A와 B에서 물질의 상
   태를 적고 B에서 온도가 일정하게 유지되는 이유를 서술하시오.

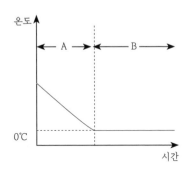

2. 다음 두 친구의 대화를 읽고 잘못된 이야기를 한 친구를 찾아 적고, 그 이
   야기가 잘못된 이유를 서술하시오.

> 규리: 라면을 끓일 때 물을 오래오래 끓이면 100℃보다 높은 온도에서 물
>   이 끓기 때문에 라면이 더 맛있다니까!
> 가연: 라면을 1개 끓일 때나, 2개 끓일 때나 물은 같은 온도에서 끓는다니까!

정답

1. A는 액체, B는 액체와 고체가 공존한다. 상태가 변화하는 과정이므로 온도가 일
   정하게 유지된다.
2. 규리의 말이 잘못되었다. 오래 끓이더라도 온도는 100℃ 이상 올라가지 않고 그
   이상이 되면 수증기가 된다.

4. 상태가 변할 때의 열출입

무더운 여름 선풍기 앞에 앉았습니다. 시원한 수박을 쪼개 먹어도, 차가운 물을 마셔도 이 더위가 사라지지 않네요. 어떻게 하면 좀 더 시원할 수 있을까요? 물을 급하게 마시다 얼굴에 물이 묻었습니다. 그런데 선풍기 바람이 훨씬 더 시원하게 느껴집니다. 이 시원함은 나의 착각일까요?

이런 비슷한 경우를 우리는 자주 경험합니다. 겨울철 샤워를 하고 나서 물기가 몸에 남아 있으면 훨씬 춥게 느껴집니다. 또 알코올 솜으로 피부를 닦고 나면 시원하게 느껴지죠. 이것은 피부의 착각이 아니라 실제로 피부의 온도가 낮아졌기 때문입니다. 피부의 온도는 왜 낮아진 것일까요?

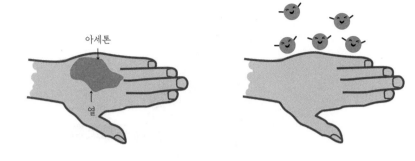

물질의 상태가 변할 때 눈에는 보이지 않지만 입자들의 움직임이 달라지고, 입자들 사이의 간격이 달라진다는 것을 기억하고 있죠. 그리고 이 움직임을 가능하게 하는 것은 바로 열이라고 알고 있습니다. 이 열이 더해지면 입자들의 움직임이 활발해지는 것이지요.

입자의 움직임이 활발해진다는 것은 고체에서 액체로, 액체에서 기체로 물질의 상태가 변할 수 있다는 말입니다.

샤워를 하고 난 후 몸에 물기가 남아 있을 때, 피부에 남은 물 입자는 증발을 하려고 합니다. 무엇이 필요할까요? 바로 열이지요. 물 입자는 피부에 있는 열을 빼앗아 활발하게 움직일 수 있고, 결과적으로 수증기로 날아갈 수 있는 것이지요. 그리고 열을 빼앗긴 피부는 차갑다고 느끼는 것이고요. 알코올 솜으로 닦을 때 시원한 것도 마찬가지 이유입니다. 이렇게 액체에서 기체로 상태가 변할 때 필요한 열을 우리는 기화열이라고 합니다. 체온이 높이 올라갔을 때 찬물 찜질을 해주는 것은 기화열을 이용해서 체온을 떨어트리려는 것입니다.

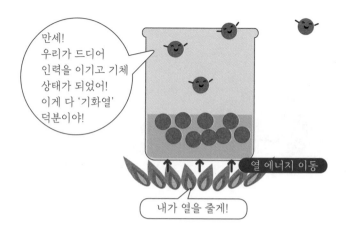

숲에서 시원하다고 느끼는 이유도 마찬가지입니다. 나무는 뿌리에서 흡수한 물을 잎에서 내보냅니다. 잎에서 내보내는 물은 곧 수증기가 되어서 공기 중으로 날아가지요. 이렇게 물 입자가 수증기가 되는 과정에서 주변 공기의 열을 빼앗게 되고, 주변 공기의 온도는 낮아지게 되는 것입니다. 여름철 숲속이 더욱 시원한 이유를 이제 알겠죠?

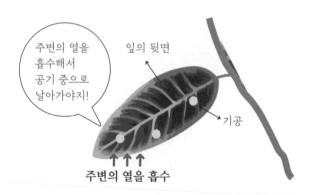

고체에서 액체로 가는 과정도 비슷합니다. 고체 상태의 입자보다 액체 상태의 입자가 좀 더 활발하게 움직인다는 것은 액체 상태에서 더 많은 열이

필요하다는 뜻이지요. 혹시 얼음이 녹을 때 얼음 주변의 온도를 느껴본 적이 있나요? 서늘한 기운을 느낄 수 있는데요, 이것은 얼음이 녹으면서 주변 공기의 열을 빼앗아 물로 융해하기 때문입니다. 이것을 우리는 융해열이라고 합니다. 미지근한 물에 얼음을 넣으면 물의 온도가 낮아지는 이유가 바로 융해열 때문입니다.

그렇다면 반대의 과정은 어떨까요?

액체가 고체가 되려면 입자들의 움직임이 줄어들어야 합니다. 즉, 액체의 열을 빼앗아야 하는 것이지요. 우리가 생활 속에서 열을 빼앗는 방법은 무엇이 있을까요? 바로 냉동실입니다! 우리가 물이 가진 열 에너지를 빼앗아서 얼음으로 만들기 위해서는 반드시 냉동실에 넣어 낮은 온도를 만들어야 합니다. 냉동실의 차가운 공기가 물이 가진 열 에너지를 빼앗고, 열을 빼앗긴 물 입자들은 움직임이 줄어들면서 바로 고체인 얼음이 되는 것이지요. 그리고 물 입자로부터 열을 빼앗은 공기는 당연히 온도가 올라가겠죠? 냉동실에 전기를 계속 공급하는 이유는 바로 이 데워진 공기를 계속 차갑게 유지하기 위함입니다. 이렇게 액체가 고체가 되면서 밖으로 나오는 열을 우리는 응고열이라고 합니다.

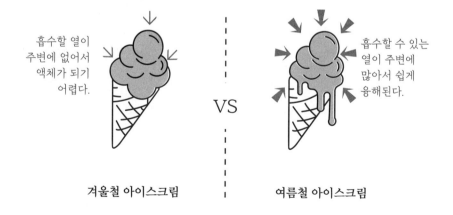

겨울철 아이스크림 VS 여름철 아이스크림

흡수할 열이 주변에 없어서 액체가 되기 어렵다.

흡수할 수 있는 열이 주변에 많아서 쉽게 융해된다.

북극에 사는 에스키모들의 얼음으로 만든 집 이글루의 온도를 높이는 방법도 액체가 고체로 되면서 응고열이 방출되는 현상을 이용한 것입니다. 얼음으로 만들어진 이글루에 물을 뿌리면 물이 얼면서 물 입자가 가진 열이 밖으로 나오게 됩니다.

그럼 이 열로 인해서 주변의 공기가 따뜻해지고 결과적으로 이글루 내부의 온도가 올라가게 되는 것이지요. 겨울철에 과일이 어는 것을 방지하기 위해서 일부러 과일에 물을 뿌리기도 하는데요, 물이 얼면서 응고열을 방출하게 되고, 이 열로 과일이 얼지 않게 하는 것입니다.

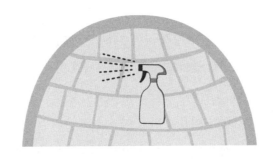

기체가 액체가 되는 경우는 어떨까요? 공기 중의 수증기가 물이 되는 액화는 주변의 온도가 낮을 때 일어납니다.

공기 중의 수증기가 차가운 컵에 부딪쳐서 열을 빼앗겨야만 액체인 물이 되는 것입니다. 공기 중의 수증기가 뭉쳐 이슬이 되는 것 역시 온도가 낮은 새벽에 일어나는 현상이지요. 이렇게 액화되면서 방출하는 열을 우리는 액화열이라고 합니다.

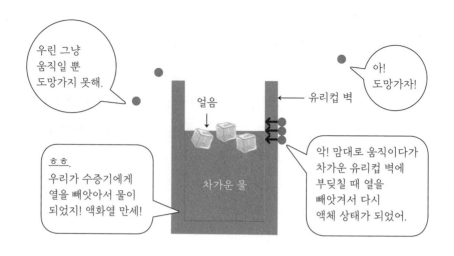

고체와 기체 사이에서도 열의 이동은 같은 방식으로 이루어져요. 움직임이 작은 고체에서 움직임이 활발한 기체로 변할 때는 열을 가해주어야 하죠. 이때 열을 빼앗긴 주변의 온도는 어떻게 될까요? 가진 열이 다른 곳으로 전달되었으니 낮아지겠죠. 반대로 움직임이 활발한 기체에서 움직임이 거의 없는 고체가 되기 위해서는 물질의 열이 감소해야 하죠. 줄어든 열만큼 얻은 물질 주변의 온도는 올라가게 됩니다. 이렇게 고체가 기체가 될 때 흡수하는 열, 반대로 기체가 고체가 될 때 방출하는 열 모두 승화열이라고 합니다.

그렇다면 아이스크림을 사고 얻은 드라이아이스로 하얀색 연기를 만들고 싶을 때 드라이아이스를 뜨거운 물에 넣어야 잘 될까요? 아니면 차가운 물에 넣어야 잘 될까요? 정답은 뜨거운 물입니다. 찬물이 가진 열 에너지보다 뜨거운 물이 가진 열 에너지가 더 많아서 고체 드라이아이스에 열을 주기 더 쉽기 때문이지요. 집에서 한번 도전해 봅시다!

지금까지의 내용을 마지막으로 정리해 보아요.

일단 고체에서 액체로 가는 융해, 액체에서 기체로 가는 기화는 입자들의 움직임이 활발해져야 하니 열이 필요해요. 그래서 주변의 열을 흡수해야 상태 변화가 일어납니다. 물론 주변의 온도는 열을 빼앗겼으니 시원해지겠죠.

반대로 기체에서 액체로 가는 액화, 액체에서 고체로 가는 응고의 경우, 입자들의 움직임이 감소해야 하니 가지고 있던 열을 밖으로 내보내야 합니다. 밖으로 내보내는 열 덕분에 주변은 따듯해지죠. 물질이 방출하는 열과 흡수하는 열, 그리고 그로 인해 주변의 온도가 낮아지고 높아지는 것을 연결해서 알아두도록 합시다.

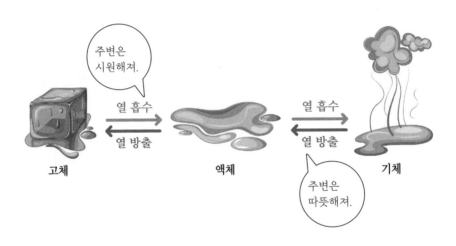

이것만은 알아 두세요

1. 열을 방출하는 상태 변화: 응고, 액화, 기체에서 고체로의 승화
2. 열을 흡수하는 상태 변화: 융해, 기화, 고체에서 액체로의 승화
3. 열을 흡수하는 상태 변화에서 주변의 온도는 낮아진다.
4. 열을 방출하는 상태 변화에서 주변의 온도는 높아진다.

풀어 볼까? 문제!

1. 응고열의 의미를 적고, 응고열을 이용한 실생활 예시를 하나 적어보시오.

2. 물질의 상태 변화(융해, 응고, 기화, 액화, 승화) 중 주변의 온도를 높이는 경우를 모두 적어보시오.

정답

1. 응고열이란 액체에서 고체로 상태가 변할 때 방출하는 열이다. 이를 이용한 실생활 예시는 추운 겨울에 과일의 냉해를 막기 위해 과일에 일부러 물을 뿌려, 물이 얼면서 방출하는 응고열로 과일이 얼지 않도록 할 수 있다.
2. 응고, 액화, 기체에서 고체로의 승화

데모(데모크리토스)님이 아리(아리스토텔레스), 돌턴, 라부(라부아지에)님을 초대하였습니다.

후배님들 중에 내 원자설을 지지하는 화학자가 많다는 소문이 여기까지 들리던데. 하하.
데모

 돌턴
안녕하세요, 선배님. 전 모든 물질이 원자로 되어 있다고 생각해요.

그렇다니까!
데모

 아리
그게 무슨 소리! 세상은 4개의 원소로 되어 있어. 참 답답하구만!

 라부
안녕하세요, 선배님. 죄송하지만… 제가 물이 원소가 아니란 걸 밝혀냈어요.

 아리
뭐, 뭐시라?

 라부
선배님. 원소의 종류는 굉장히 많아요. 수소, 산소, 질소… 등등… 하… 다 밝히지 못하고 이렇게 하늘나라로 오다니ㅠㅠ

 아리
믿을 수 없어. 다들 거짓말이야!

진정해!
데모

아리(아리스토텔레스)님이 대화방을 나가셨습니다.

Send

1. 물질의 기본, 원소

지금으로부터 약 2,000년 전, 맑고 따뜻한 바닷가에 한 철학자가 앉아 있었어요. 철학자는 바다를 보며 자신의 존재에 관해 생각했어요.

'사람은 과연 어떤 물질로 이루어져 있을까?'

'나무는, 물고기는, 저 하늘의 별들은 어떤 물질로 이루어져 있을까?'

그러다 바닷가에 수없이 놓여 있는 돌을 보며 생각했어요.

'아! 돌과 같은 암석은 불구덩이인 화산에서 생성되므로 불과 흙이 합쳐져서 생긴 물질이구나!'

'나무는 흙에 물을 주면 새싹이 생겨 자라 만들어지므로 흙과 물이 결합된 물질인 것이야!'

그 철학자는 이와 같이 우리가 사는 세상은 물과 흙, 불, 공기 등이 적절히 결합하여 생성되었다고 판단하고 이 놀라운 생각을 많은 사람에게 전했어요.

철학자는 물체들의 운동에 관해서도 생각했어요.

'연기는 가만히 두어도 하늘로 올라가는데, 돌은 높은 건물에서 떨어뜨리면 아래로 떨어지는 이유는 무엇일까?'

'아! 연기는 불의 속성이 강하기 때문에 하늘 위로 떠오르는 경향이 있고, 돌은 흙의 성질이 강하기 때문에 땅으로 떨어지는 것이구나!'

이렇게 생각한 그는 많은 사람들에게 자신의 생각을 전했어요. 철학자의 이와 같은 생각은 많은 사람들에게 받아들여졌어요. 2,000년 전 사람들은 세상의 모든 물질은 물과 흙, 불, 공기라는 4개의 원소로 이루어져 있으며, 물체들의 움직임은 이 4원소의 성질에 따라 이뤄진다고 생각했어요.

그러나 다르게 생각한 사람도 있었답니다.

2,000년 전 고대 그리스의 데모크리스토(Democritos)라는 철학자는 세상의 모든 물질은 더 이상 쪼갤 수 없는 작은 입자인 '원자'로 구성되어 있다고 생각했어요. 그가 생각한 원자는 영원불멸하고 매우 작으며 더 이상 쪼갤 수 없어요.

모든 물질은 원자로 구성되어 있어.

데모크리토스

또한 원자들은 모양과 성질이 각각 다르다고 생각했어요. 그러나 당시의 사람들은 데모크리스토의 원자 개념을 받아들이기보다는 4원소설을 받아들였어요. 따라서 데모크리토스의 원자 개념은 시간이 흐르면서 서서히 잊혀졌답니다.

시간이 훌쩍 지나 1,800년대가 되어 프랑스에서 라부아지에(A. L. Lavoisier)라는 위대한 화학자가 등장했어요. 라부아지에는 실험을 통해 물을 산소 기체와 수소 기체로 분리해냈어요. 이 실험은 2,000년 동안 유럽 세계를 지배한 4원소설에 위배되는 실험이었어요. 4원소설에 의하면 물은 물질을 이루는 기본적인 원소이기 때문에 분해되어서는 안 되었지요.

라부아지에는 자신의 실험을 통해 '원소'라는 개념을 다음과 같이 다시 정의했어요. "원소란 실험적 방법으로 더 이상 분해되지 않는 물질이다."

라부아지에의 원소 개념에 의하면 물은 수소와 산소로 나누어지기 때문에 원소는 아닙니다. 그러나 수소와 산소 기체는 화학 실험으로 인해 더 이상 분해되지 않기 때문에 원소라 부를 수 있어요.

실험으로 더 이상 나눌 수 없는 물질을 원소라고 하자.

라부아지에

그렇다면 원소란 무엇일까요?

현대 과학에서 원소는 두 가지 의미를 가집니다. 첫 번째는 화학적 방법으로 더 이상 분해될 수 없는 한 종류의 원자로들로 이루어진 물질을 말해요. 원자는 우리 주변의 물질을 이루는 가장 작은 입자라고 했죠? 원자들이 모이면 물질이 돼요. 물, 소금, 설탕, 녹말 이런 것들이 바로 물질이고 이러한 물질은 원자로 이루어졌다는 의미지요. 그리고 물질 중에 같은 종류의 원자들이 모인 물질을 원소라고 하는 것입니다. 라부아지에가 물을 분해했을 때, 수소 기체와 산소 기체를 얻었습니다. 산소 기체는 산소 원자 2개가 모인 물질이고 수소 기체는 수소 원자 2개가 모인 물질이에요, 즉, 같은 종류의 원자로만 된 물질이므로 수소 기체와 산소 기체는 원소입니다. 물은 수소 원자 2개와 산소 원자 1개로 이루어진 물질로, 다른 종류의 원자로 구성되어 있기 때문에 원소가 아니랍니다.

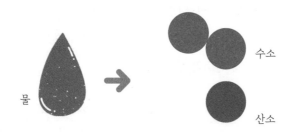

원소의 뜻은 원자의 종류를 의미합니다. 수소, 산소, 탄소, 질소 등 우리 주변에는 다양한 종류의 원자가 있어요. 우리는 이런 원자의 종류를 원소라는 말로 표현하는 것입니다. '현재 알려진 원소의 종류는 약 110여가지이다.' 이런 방식으로 말입니다. 그리고 이러한 원소의 종류를 표로 나타낸 것이 주기율표로 뒤 단원에서 자세히 배워보도록 해요.

다양한 종류의 원소가 어떤 물질에 포함되어 있다면, 어떻게 그 원소가 포

함된 줄 알 수 있을까요? 첨단 기계를 이용할 수도 있지만 매우 간단한 방법
이 바로 불꽃 반응색을 보는 것이에요. 금속원소는 불꽃에 넣었을 때 독특한
색을 나타내거든요.

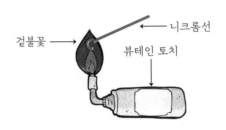

겉불꽃 → | 니크롬선
뷰테인 토치

나트륨(Na)이란 원소는 불꽃에 넣으면 노란색을 나타내는 성질이 있어요.
나트륨을 화학 반응시켜 염화 나트륨(소금)과 탄산나트륨을 만든 후 염화 나
트륨을 불꽃에 넣으면 노란색이 관찰됩니다. 또한 탄산나트륨도 불꽃에 넣
으면 노란색이 관찰돼요. 이와 같은 실험 결과를 통해 나트륨이란 원소는 화
학 반응하여 다른 물질로 변해도 불꽃과 만나 노란색을 나타내는 원소의 성
질을 잃지 않는다는 것을 확인할 수 있어요. 물론 염화 나트륨을 나트륨과
염소 기체로 분해하여도 나트륨의 성질은 변하지 않는답니다.

원소	나트륨	칼륨	칼슘	구리	스트론튬	리튬
색	노란색	보라색	주황색	청록색	빨간색	빨간색

그러나 불꽃에 넣었을 때 고유한 색을 나타내는 성질이 없는 원소들도 많
아요. 스트론튬과 리튬은 불꽃색이 모두 붉은색이기도 하구요. 붉은 색만 보

고 두 원소를 구별하기 어렵지요. 사실 불꽃반응은 금속 원소만의 특징이에요. 수소나 헬륨, 질소와 같은 비금속 원소들은 불꽃반응으로 알아낼 수가 없지요.

이와 같은 원소들은 선 스펙트럼을 확인하는 방법을 통해 원소를 구별할 수 있어요. 수소와 같은 물질을 높은 온도로 가열하면 밝은 빛이 방출돼요. 이 빛을 분광기라는 기계로 관찰하면 여러 개의 선이 나타나는 것을 볼 수 있어요. 분광기는 빛을 색깔에 따라 나누는 기계에요. 분광기로 관찰한 선은 원소마다 다르게 나타나는데, 마치 사람의 지문과 같아요. 사람의 지문이 모두 다른 것처럼 원소는 선 스펙트럼이 모두 다르게 나타나요. 따라서 여러 가지 원소가 섞여 있는 물질의 경우에도 선 스펙트럼을 관찰하면, 물질 속에 있는 모든 원소의 종류를 확인할 수 있어요.

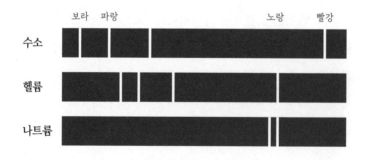

분광기를 이용하여 원소의 스펙트럼 관찰하기

선 스펙트럼은 밝은 선이 나타나는 위치와 색, 개수가 달라요. 이 선 스펙트럼을 비교하면 어떤 원소가 포함되어 있는지 확인할 수가 있어요. 여러 개의 원소가 포함된 물질이라도 그 속에 포함된 원소의 선 스펙트럼이 모두 나타나기 때문에 비교해서 찾아낼 수 있거든요.

미지의 물질 X는 어떤 원소가 포함된 물질일까요? 선의 위치를 비교해서 물질 X에 포함된 원소를 찾아봅시다.

원소 A와 C가 바로 물질 X에 포함되어 있군요. 선 스펙트럼을 이용하여 원소를 찾는 방법은 물질의 양이 적더라도 찾아낼 수 있고, 분석 방법이 간편하다는 장점이 있어요.

스펙트럼은 여러 종류가 있어요. 그 중에서 연속 스펙트럼, 선 스펙트럼, 그리고 흡수 스펙트럼에 대해 알아보아요. 형광등을 분광기로 관찰하면 연속적인 무지개 색이 보이는데, 이것을 연속 스펙트럼이라고 해요. 불꽃반응을 분광기로 관찰하면 특정한 몇몇의 선이 보이죠. 이걸 선 스펙트럼이라고 하고요. 흡수 스펙트럼은 어떤 물질마다 특정한 부분의 빛을 흡수하기 때문에 그 부분만 까맣게 보여요. 우주에서 오는 흡수 스펙트럼의 까만 부분을 비교하면서 우주에 어떤 물질이 있는지 추측한답니다. 중학교 과정에서는 연속 스펙트럼과 선 스펙트럼이 나오고, 고등학교에서 흡수 스펙트럼이 나오니, 기억해 두세요.

연속 스펙트럼

선 스펙트럼

흡수 스펙트럼

┌─ **이것만은 알아 두세요** ──────────────────────────────

1. 원소: 화학적 방법으로 더 이상 분해되지 않는 물질. 물질을 구성하는 원자들의 종
   류를 의미한다. 예를 들어 물은 수소와 산소 원소로 이루어진 물질이기 때문에 물
   은 원소가 아니다. 원소는 화학 반응을 하여 다른 물질이 되어도 원소의 성질을 잃
   거나 변하지 않는다.

2. 원소의 구별 방법

① 불꽃반응: 나트륨, 리튬, 칼륨과 같은 금속 원소는 무색의 불꽃에 넣으면 고유의
   색이 관찰된다.

② 선 스펙트럼: 모든 원소는 고유의 선 스펙트럼이 관찰된다. 선 스펙트럼을 통해 물
   질에 포함된 원소를 구별할 수 있다.

└───

풀어 볼까? 문제!

1. 손 소독제에 쓰이는 에탄올은 다음과 같은 구조이다. 에탄올을 이루는 원소의 종류는 총 몇 가지인가?

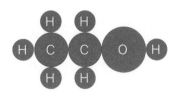

2. 다음은 철수가 원소에 대해 조사한 내용을 정리한 보고서이다.

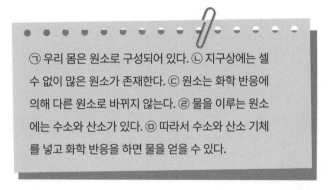

> ㉠ 우리 몸은 원소로 구성되어 있다. ㉡ 지구상에는 셀 수 없이 많은 원소가 존재한다. ㉢ 원소는 화학 반응에 의해 다른 원소로 바뀌지 않는다. ㉣ 물을 이루는 원소에는 수소와 산소가 있다. ㉤ 따라서 수소와 산소 기체를 넣고 화학 반응을 하면 물을 얻을 수 있다.

철수의 보고서 중 옳지 않은 부분을 찾고, 그렇게 판단한 이유를 쓰시오.

정답

1. 3가지(수소, 탄소, 산소 세 종류의 원소로 구성된 물질이다.)
2. ㉡. 원소의 종류는 약 110여 종이다.

2. 원소기호

국제 과학탐구대회에 참여한 가연이는 다양한 나라의 친구들과 한 조가
되었어요!

다양한 나라의 언어로 이야기하는 친구들의 말을 전혀 알아들을 수 없던 가연이는 국제공용어인 영어로 대화를 시도했어요.

모두가 알아들을 수 있는 국제공용어로 인사를 하니 금방 친해졌어요. 저녁이 되어 가연이는 부모님께 전화로 친구들의 특징을 이야기했어요.

다음 날 부모님께 다시 제시카에 대해 이야기하려고 할 때 다음 두 가지 방법 중 어떤 방법으로 설명하는 것이 편할까요?

① 제시카와 함께 저녁을 먹었어요.
② 프랑스 사람으로 머리는 검고 입은 작으면서 노란색을 좋아하는 친구와 함께 저녁을 먹었어요.

당연히 이름으로 소개하는 편이 훨씬 간편하겠지요? 세상에 존재하는 많은 원소들은 각각의 원소마다 특징이 있어요. 다른 과학자들과 만나 원소에 대한 이야기를 할 때, 각 원소의 특징을 길게 나열하기보다는 원소의 이름을 간결하게 표시하는 편이 훨씬 효율적일 거예요.

4원소설부터 시작한 원소의 개념이 시간이 지나면서 발전하여 1,800년대 후반에는 약 60여 개의 원소가 발견되었어요. 다양한 원소가 발견되면서 원소들을 표기할 기호가 필요했어요. 당시엔 연금술사들이 그림으로 나타낸 기호를 사용하고 있었는데, 너무 복잡하여 사용하기엔 불편했답니다. 연금술이란 구리나 납, 주석 따위의 흔한 금속으로 값비싼 금($金$)을 만들려는 것으로, 흙, 물, 공기, 불의 본질을 사용해서 형태를 바꾸고 변형시켜 원하는 물질을 만들고 싶어 했어요. 여러 가지 물질을 조합하여 금을 만든다는 사실은 원소의 개념을 알고 있는 지금으로는 허무맹랑한 이야기 같지만, 연금술로 인해 과학은 크게 발전할 수 있었지요.

연금술사들은 서로 먼저 금을 만들기 위해 실험에 몰두했습니다. 자신만이 알 수 있도록 원소를 기호로 표시했지요. 그래서 같은 원소인데도 다양한 기호가 존재했지요.

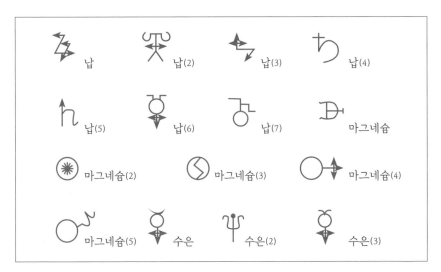

연금술사의 원소기호

또한 다른 나라의 과학자들과 교류하기 위해선 언어가 아닌 원소를 나타내는 정확한 기호가 필요했어요. 그 후 세상의 모든 물질은 원자로 이루어져 있다고 주장하던 영국의 과학자 돌턴(J. Dalton)이 원과 선, 알파벳을 이용한 원소기호를 만들어서 발표했어요.

원소명	원소기호	원소명	원소기호
산소	◯	철	Ⓘ
탄소	●	아연	Ⓩ
질소	⦶	구리	Ⓒ
인	⨁	납	Ⓛ
황	⨁	은	Ⓢ
수소	⊙	금	Ⓖ

돌턴의 원소기호

그러나 돌턴의 원소기호도 원 안에 여러 가지 무늬와 알파벳을 넣은 것으로 원소의 종류가 적을 때에는 유용하게 사용하였으나 시간이 흘러 더 많은 원소가 발견됨에 따라 더 간단한 원소기호가 필요하게 되었어요.

스웨덴의 화학자 베르셀리우스(J. Berzelius)는 원소의 이름에서 약자를 따서 원소기호를 간단하게 나타냈지요. 그런데 원소의 이름은 대부분 라틴어나 그리스어로 지었어요. 우리가 알고 있는 원소 나트륨은 영어로는 Sodium이지만, 라틴어로는 Natrium이라고 이름을 지었지요. 그래서 라틴어 이름 Natrium의 앞 글자를 따서 Na라는 원소기호를 만들었고요. 우리가 사용하는 원소기호의 대부분이 라틴어나 그리스어에서 따왔다는 사실이 재미있죠?

원소명	라틴어 이름	기호
은	Argentum	Ag
금	Aurum	Au
구리	Cuprum	Cu
철	Ferrum	Fe
수은	Hydragyrum	Hg
칼륨	Kalium	K
나트륨	Natrium	Na
질소	Nitricum	N
산소	Oxygenium	O

현재의 원소기호는 전 세계가 공통적으로 쓰는 기호예요. 전 세계 모든 과학자들은 동일한 원소기호를 사용해요. 원소기호는 원소 이름의 첫 글자를 따서 대문자로 표시해요. 그러나 원소 이름의 첫 글자가 겹치는 경우에는 두 번째 글자나 중간 글자를 따서 대문자 옆에 소문자로 표시합니다. 예를 들어 수소(Hydreogene)는 이름의 첫 글자를 따서 대문자 H로 표시해요. 그런데 헬륨(Helium)도 이름의 첫 글자가 H이기 때문에 두 번째 글자를 함께 써서 He로 표시합니다.

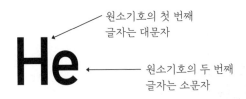

원소기호의 첫 번째 글자는 대문자

원소기호의 두 번째 글자는 소문자

현재 발견되는 원소의 이름은 원소를 발견하는 사람이 지을 수 있어요. 그러나 오래전부터 사용되던 원소들은 신화에 나오는 신들의 이름을 따거나 원소가 발견된 지역의 이름에서 유래한 것들이 많아요. 예를 들어 헬륨(He, Helium)은 태양의 신 헬리오스(Helios)에서, 핵 발전에 쓰이는 플루토늄(Pu, Plutonium)은 저승의 신인 플루토(Pluto)에서 유래했어요. 마그네슘(Mg, Magnesium)은 마그네슘 금속이 발견되는 지역인 마그네시아(Magnesia)에서 유래한 이름이에요. 현대에 발견된 원소들 중 몇 개는 위대한 과학자의 이름을 따서 아인슈타이늄(Es, Einsteinium), 멘델레븀(Md, Mendelevium)으로 원소 이름을 붙이기도 했답니다.

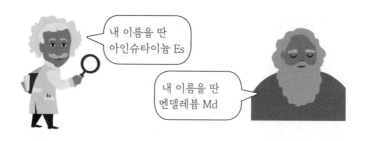

원자번호	이름	원소기호	원자번호	이름	원소기호
1	수소	H	11	나트륨	Na
2	헬륨	He	12	마그네슘	Mg
3	리튬	Li	13	알루미늄	Al
4	베릴륨	Be	14	규소	Si
5	붕소	B	15	인	P
6	탄소	C	16	황	S
7	질소	N	17	염소	Cl
8	산소	O	18	아르곤	Ar
9	플루오르	F	19	칼륨	K
10	네온	Ne	20	칼슘	Ca

주요 원소들의 원자번호와 원소기호

시간이 흘러 점점 더 많은 원소가 발견되면서 원소들을 특징별로 분류하고자 하는 과학자들이 등장했어요. 그 중 러시아의 과학자 멘델레예프(D. I. Mendeleev)는 화학적 성질이 비슷한 원소들을 하나의 모둠으로 묶어서 분류하려고 했어요. 산소와 결합하여 만드는 생성물의 형태나 전기가 통하는 정도 등 화학적 성질이 비슷한 원소들끼리 묶으니 총 열일곱 모둠으로 분류되었어요. 열일곱 모둠과 원자의 상대적인 무게인 원자량의 순서를 고려하여 하나의 큰 표를 만들었는데 이것이 현재 우리가 사용하는 주기율표예요.

멘델레예프의 주기율표가 위대한 점은 아직 발견되지 않은 원소의 자리를 비워 두었다는 점이에요. 멘델레예프는 아직 지구상의 모든 원소가 발견된 것은 아니라고 생각했어요. 따라서 주기율의 성격에 일치하는 원소가 없을 경우에는 원소 주기율표의 자리를 비워두고 이 원소는 앞으로 발견될 것이라고 예언했어요. 심지어 멘델레예프는 비워둔 원소의 녹는점 등의 성질을 예측하기도 했어요. 실제로 멘델레예프가 비워 두었던 자리에 해당하는 원소가 나중에 발견되었고 사람들은 멘델레예프의 주기율표를 받아들였어요. 그리고 앞으로 계속 발견되는 원소들은 멘델레예프의 주기율표에 맞춰 자리를 정해주었답니다. 현재 지구에서 발견되는 원소 중 자연적으로 만들어진 원소는 수소부터 우라늄까지 약 92개가 있고, 과학자들이 입자가속기 등을 통해 인공적으로 합성한 원소까지 합하면 110여 개의 원소를 관찰할 수 있어요.

멘델레예프의 원소 주기율표에서 세로줄에 있는 원소들은 비슷한 성질을 나타내요. 즉 가장 오른쪽에 위치한 헬륨(He), 네온(Ne), 아르곤(Ar)은 다른 원소와 반응하지 않고 혼자서만 존재하는 비슷한 성질을 가져요. 또한 같은 세로줄에 위치한 리튬(Li), 나트륨(Na), 칼륨(K)도 물과 만나면 염기성의 물질을 만들고, 불꽃반응을 하는 등 비슷한 성질을 가져요.

알파벳을 모르면 영어를 공부할 수 없듯이 원소기호를 모르면 화학을 공부할 수가 없어요. 그러니까 원소기호는 자주 보고 계속해서 반복해줄 필요가 있답니다.

이것만은 알아 두세요

1. 원소기호: 원소를 알파벳으로 나타낸 기호. 원소 이름의 첫 글자를 따서 대문자로 나타내고, 원소기호가 겹치는 경우 이름의 두 번째 글자나 중간 글자를 따서 대문자 옆에 소문자로 나타낸다. 수소(H), 헬륨(He), 산소(O), 질소(N), 탄소(C) 등으로 나타낸다.

1. 다음 원소의 원소기호를 쓰시오.

원소 이름	원소기호	원소 이름	원소기호
수소		탄소	
산소		염소	
질소		나트륨	

2. 다음 표는 멘델레예프의 주기율표의 일부이다. 빈칸에 들어갈 원소의 화학적 성질을 예측하여 쓰고, 그 이유를 쓰시오.

He (헬륨) • 상온(25℃)에서 기체로 존재한다. • 공기보다 가볍다. • 다른 원소와 반응하지 않는다.
Ne (네온) • 상온(25℃)에서 (　　　　　　) • 공기보다 (　　　) • 다른 원소와 (　　　　　)
Ar (아르곤) • 상온(25℃)에서 기체로 존재한다. • 공기보다 가볍다. • 다른 원소와 반응하지 않는다.

정답

1.

원소 이름	원소기호	원소 이름	원소기호
수소	H	탄소	C
산소	O	염소	Cl
질소	N	나트륨	Na

2. 그림에서 헬륨, 네온, 아르곤은 멘델레예프 주기율표의 같은 세로줄이기 때문에 비슷한 화학적 성질을 가진다. 따라서 네온의 성질은 두 원소의 성질과 비슷할 것이다.

> Ne (네온)
> - 상온(25℃)에서 (기체로 존재한다.)
> - 공기보다 (가볍다.)
> - 다른 원소와 (반응하지 않는다.)

3. 가장 작은 입자, 원자

여러분, 여기 작은 상자가 두 개 있어요. 상자 하나에는 미스터리한 물체가 들어 있고, 또 다른 상자는 비어 있는 상자예요. 우리는 상자를 열어 보지 않고 상자 안에 무엇이 들었는지 알아볼 거예요.

먼저 상자를 한번 흔들어볼까요?

미스터리 상자   비어 있는 상자

미스터리 상자를 흔드니까 안에서 무언가가 딱딱 부딪히는 소리가 들렸어요. 이번에는 미스터리 상자를 옆으로 기울이니까 '쿠르르' 하는 소리와 함께 무언가 한쪽으로 쏟아지는 듯한 소리가 들렸어요. 여러 번 흔들어 본 후 미스터리 상자 안에는 무언가 딱딱한 물체가 하나가 아닌 두 개 이상이 들어 있다고 생각했어요.

두 번째로 두 개의 상자 주변에 자석을 갖다 대었어요. 신기하게도 미스터리 상자는 자석에 끌려오고, 빈 상자는 자석에 끌려오지 않았어요. 이 실험을 통해 미스터리 상자 안에는 자석에 끌리는, 철과 같은 금속으로 된 물체가 들어 있을 것이라 생각했어요.

자, 미스터리 상자를 열어볼까요?

맞았어요. 미스터리 상자 안에는 철로 된 쇠구슬이 5개 들어 있었어요.

이렇게 실제로 열어보지 않고 실험을 통해 간접적으로 내부에 있는 물질이 무엇인지 예측할 수 있답니다.

우리는 앞 단원에서 원소에 대해 공부하며 원소는 한 종류의 원자로 이루어진 물질이라고 배웠어요. 원자는 물질을 구성하는 기본 입자로 더 이상 쪼갤 수 없어요.

여러분의 이해를 돕기 위해 비유를 하자면 원자는 사탕 1개, 사탕 2개, 사탕 3개와 같이 '수(數)'의 의미가 포함되지요. 원소는 딸기 맛 사탕, 포도 맛 사탕, 콜라 맛 사탕 등 '성질'의 의미가 포함됩니다. 원소 1개라는 말은 쓰지 않지만, 원소의 종류라는 말은 사용하지요.

문: "물 입자 하나는 몇 개의 원자로 되어 있는가?"

답: 3개

문: "물은 몇 종류의 원소로 되어 있는가?"

답: 2종류(수소와 산소)

다시 원자에 대해 이야기해 볼까요?

고대 그리스의 철학자 데모크리토스는 물질을 구성하는 기본 물질이 원자라는 작은 입자라고 생각했어요. 그 후 약 2,000년의 시간이 흘러 1,800년대에 돌턴이 모든 물질은 원자로 이루어져 있다는 원자설을 발표했어요. 또한, 돌턴은 그동안 알려진 원소를 그림으로 나타낸 원소기호를 만들기도 했어요. 돌턴의 원자설은 다음과 같아요.

시간이 흘러 과학자들은 물질을 구성하는 가장 작은 입자가 원자라고 생각하게 되었어요. 그 후 원자의 내부는 어떻게 생겼는지에 대해 탐구하기 시작했답니다.

그러나 원자는 너무 작아서 눈으로 볼 수 없어요. 물론 현미경으로도 보기 어렵답니다. 따라서 과학자들은 우리가 미스터리 상자를 연구하는 것처럼 간접적인 방법으로 원자의 구조를 탐구하기 시작했어요.

1,800년대 후반 우라늄과 같이 특별한 원자에서 방사선이 나오는 것을 발견한 과학자들은 원자에서 어떤 물질이 나올 수 있다고 생각했어요. 이것은 원자가 더 작은 물질들로 이루어졌다는 생각으로 이어졌답니다. 영국의 물리학자 톰슨(J. J. Thomson)은 원자에서 방출되는 음극선이 (+)전기에 끌려오는 것을 통해 원자 안에 (−)전하를 띤 입자인 전자가 있음을 밝혀냈어요.

영국의 물리학자 러더퍼드(E. Rutherford)는 원자에 (+)전하를 띤 입자를 쏘았더니 그 입자가 튕겨져 나오는 것을 발견하고 원자 안에 (+)전하를 띤 입자인 원자핵이 있음을 밝혀냈어요. 작은 원자핵을 어떻게 발견했는지 궁금하지 않은가요? 원자도 안 보이는 작은 것인데, 그 안의 원자핵을 발견했다니요?

러더퍼드는 그림과 같은 장치를 만들었어요. 가운데 아주 얇은 금속박(마치 알루미늄 호일과 같은 얇은 금속이에요)을 놓고 거기에 강한 빛을 쏜 거예요. 여기서 사용한 강한 빛은 알파(α)선으로, 일반적으로 우리 눈에 보이는 빛이 아니라 엑스레이(X-ray)를 찍을 때 쓰는 것과 같은 방사선의 한 종류를 썼답니다. 이 빛이 얼마나 세냐면요, 1초에 15,000km를 움직일 만큼 매우 강력한 빛이에요. 이렇게 강한 빛은 웬만한 물질은 다 통과해 버리거든요. 만약 원자가 텅텅 빈 공과 같다면 원자로 이루어진 금속박에 빛을 쏘았을 때, 빛은 금속박을 그대로 통과해서 금속박의 뒤편에만 흔적이 남을 거예요.

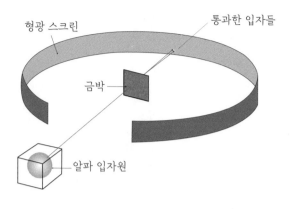

러더퍼드의 실험 – 원자 내부가 비어 있을 때

그런데 깜짝 놀랄 일이 벌어졌어요. 아주 가끔씩 8,000개 중에 1개 정도의 빛이 금속박을 통과하지 못하고 튕겨 나오는 것이었죠. 튕겨낼 수 있다는 말은 텅텅 비어 있을 줄 알았던 원자 속에 그렇게 강한 빛을 튕겨낼 만큼 무언가 강하고 단단한 것이 존재하고 있다는 증거가 되었죠.

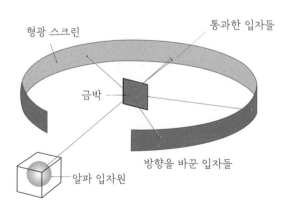

러더퍼드의 이 실험으로 원자 속에 있던 원자핵의 존재가 밝혀졌고, 원자설이 완벽하게 증명되었죠.

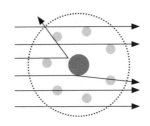

원자핵은 원자의 중심에 위치해 있고, (+)전하를 띠며 원자 질량의 대부분을 차지해요. 전자는 원자핵의 주위를 돌고 있으며, (−)전하를 띠고 원자핵 질량의 1/1,800배에 해당하는 매우 작은 질량을 가지고 있어요.

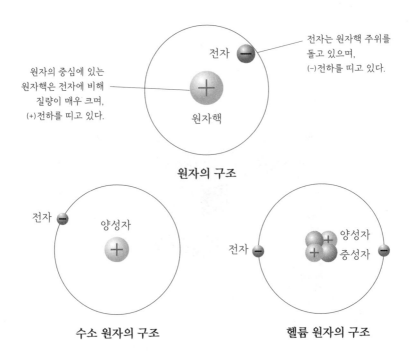

왼쪽 그림은 수소 원자의 구조예요. 수소 원자는 양성자 1개와 전자 1개로 구성되어 있어요. 오른쪽 그림은 헬륨 원자예요. 헬륨 원자는 양성자 2개와 중성자 2개, 전자 2개로 구성되어 있어요. 수소를 제외한 원자의 원자핵은 (+)전하를 띠는 양성자와 전하를 띠지 않는 중성자로 구성되어 있어요. 양성자와 중성자는 크기와 질량이 비슷해요. 원자는 양성자의 개수와 전자의 개수가 같아서 전기적으로 중성이에요. 수소 원자는 양성자 1개로 구성된 원자핵과 전자 1개로 이루어져 있어요. 원자핵을 구성하는 양성자 1개의 전하량은 +1이고, 전자 1개의 전하량은 -1이에요. 이 둘을 더하면 0이 되죠. 그래서 수소 원자는 전기적으로 중성이에요.

원자핵의 전하량 + 전자의 전하량 = (+1) + (-1) = 0

원자핵의 플러스 성질은 원자의 종류마다 달라요. 수소보다 헬륨의 플러스 성질이 2배이고, 탄소는 수소의 6배나 되죠. 플러스 성질을 나타내는 것은 원자핵을 이루는 양성자란 입자예요. 즉, 수소는 양성자가 1개, 탄소는 양성자가 6개란 의미랍니다. 그리고 이 양성자의 개수에 따라 전자의 개수가 다르지요. 수소는 양성자가 1개, 전자가 1개라 중성이구요, 탄소는 양성자가 6개이고 전자가 6개라 중성이지요. 헬륨의 양성자가 2개라면 전자는 몇 개일까요? 중성이 되려면 전자 역시 2개죠. 양성자의 개수와 전자의 개수가 같아서 원자는 중성이 되는 것이랍니다.

여러분이 고등학교에 가서 배우게 되는 주기율표는 원자에 번호를 매기고, 이것을 규칙에 따라 나열한 것인데요, 원자의 번호가 바로 양성자의 개수라고 생각할 수 있답니다. 핵 발전에 쓰이는 우라늄의 원자번호는 92번이에요. 우라늄은 원자핵 안에 무려 양성자가 92개나 들어 있는 원자입니다. 원자는 전기적으로 중성이므로 우라늄 원자는 전자를 92개 가지고 있답니다.

여러분은 원자가 얼마나 작은지 알고 있나요? 원자는 종류마다 크기가 약 간씩 다르지만 가장 작은 수소 원자는 지름이 약 1/1억cm예요. 상상도 되지 않는 크기죠. 1억 개의 수소 원자를 한 줄로 배열해야 겨우 1cm가 될 수 있는 거예요. 이번에는 1억 개가 얼마만큼인지 느낌이 오지 않죠? 만약 두께가 1.5mm인 10원짜리 동전 1억 개를 일렬로 세우면 대략 서울에서 대전까지의 거리랍니다. 탁구공이 1억 배가 되면 바로 지구 크기가 돼요. 정말 어마어마한 숫자지요? 수소 원자는 1억 개를 세워도 겨우 1cm라니 원자가 얼마나 작은지 감이 올 거예요.

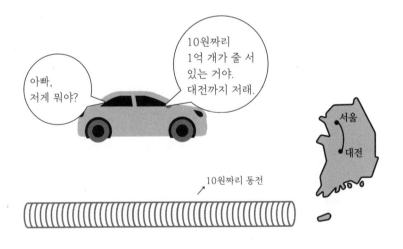

그렇다면 원자핵과 전자는 도대체 크기가 얼마나 될까요? 원자도 그렇게 작은데 그 안에 있는 원자핵과 전자라니?!

만약 원자가 월드컵 경기장이라고 생각해 봅시다. 월드컵 경기장의 긴 쪽 지름은 304m예요. 여러분이 열심히 최선을 다해 뛰어도 1분은 걸리는 거리죠? 이 월드컵 경기장이 원자라고 한다면 가운데 있는 원자핵은 축구장 한 가운데 탁구공 크기라고 생각하면 된답니다. 원자핵은 정말 어마어마하게 작은 아이죠.

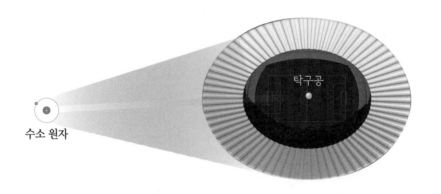

더 놀라운 건 바로 전자의 크기예요. 전자는 원자핵보다 훨씬 작아서 크기를 가늠하지도 못한답니다. 단지 무게로 짐작해보면 엄청 작은 크기일 것이라고 추측하고 있어요. 그래서 이렇게 작은 원자를 이야기할 때는 우리가 평소에 사용하는 단위인 m(미터)나 mm(밀리미터)를 사용하면 너무 불편하답니다. 그래서 훨씬 더 작은 크기를 잴 때 사용하는 단위를 써요.

1센티미터를 10으로 나누면 1mm지요. 1mm를 10,000으로 나누면 이것을 1μm라 쓰고 1마이크로미터라고 읽어요. 아직도 원자 크기를 다루는 단위는 아니에요. 1μm를 또 다시 10으로 나누면 1nm라고 쓰고 1나노미터라고 읽지요. 그리고 1nm를 또 다시 10으로 나누면 원자 크기를 이야기할 때 쓰는 단위인 1Å(1옹스트롬)이 됩니다.

10^n		기호	이름	크기 예시
100 (10의 0제곱)	1미터	1m	1미터	
10^{-2} (10의 −2제곱)	100분의 1미터	1cm	1센티미터	
10^{-3} (10의 −3제곱)	1,000분의 1미터	1mm	1밀리미터	
10^{-6} (10의 −6제곱)	100만 분의 1미터	1μm	1마이크로미터	세포핵
10^{-9} (10의 −9제곱)	10억 분의 1미터	1nm	1나노미터	분자
10^{-10} (10의 −10제곱)	100억 분의 1미터	1Å	1옹스트롬	원자 표면
10^{-12} (10의 −12제곱)	1조 분의 1미터	1pm	1피코미터	원자핵

┌─ **이것만은 알아 두세요** ─

1. 원자: 물질을 구성하는 기본 입자. 원자핵과 전자로 구성되어 있으며 전기적으로 중성이다.

2. 원자핵: (+)전하를 가지며, 양성자와 중성자로 구성되어 있다. 원자의 대부분의 질량은 원자핵이 차지한다.

3. 전자: (−)전하를 가지며 원자핵 주위를 돌고 있다. 원자핵보다 매우 작고 가볍다.

4. 원자번호: 원자핵을 구성하는 양성자의 수에 따라 원자번호를 매긴다. 양성자의 수가 1개인 수소의 원자번호는 1번이다.

풀어 볼까? 문제!

1. 다음은 탄소 원자의 원자핵의 구조를 모식적으로 나타낸 것이다. 탄소 원자를 구성하는 전자의 개수는 몇 개인지와 그 이유를 설명하시오.

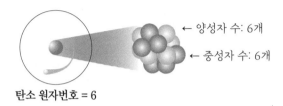

탄소 원자번호 = 6

2. 다음은 중세 연금술사들이 금을 만들던 방법의 일부를 나타낸 것이다. 중세 연금술사들이 다음과 같은 화학 반응을 통해 구리를 금으로 만들 수 없었던 이유를 돌턴의 원자설을 사용하여 설명하시오.

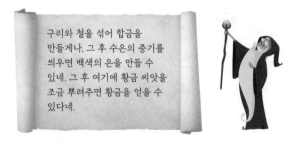

정답

1. 6개. 원자는 전기적으로 중성이므로 양성자 수가 6개이면 원자핵의 전하량이 +6이 된다. 따라서 전자의 개수는 6개이다.
2. 돌턴의 원자설에 의하면 화학 반응이 일어날 때 원자들은 배열을 바꿀 뿐 새로 생기거나 없어지지 않기 때문이다.

4. 원자가 모이면 분자

"OO씨가 일산화 탄소 중독으로 사망했습니다."

뉴스를 보던 규리는 일산화 탄소라는 말을 듣고 깜짝 놀랐어요. 우리가 숨을 쉴 때 나오는 숨에 들어 있는 이산화 탄소랑 이름이 너무 비슷했거든요. 그리고 공기 중에도 이산화 탄소가 있다고 했는데 말이지요. 이름도 비슷한 이산화 탄소와 일산화 탄소가 성질도 비슷하면 어떻게 하지? 갑자기 규리는 걱정이 되기 시작했어요. 정말 규리의 걱정처럼 일산화 탄소와 이산화 탄소는 성질이 비슷한 것일까요?

이산화 탄소랑 이름이
비슷하면 성질도
비슷하려나?
나 이러다 죽는 거 아니야?

NEWS

우리는 앞에서 원자라는 것을 배웠어요. 바로 물질을 이루는 가장 기본적인 입자죠. 이번 장에서 우리가 배울 것은 원자라는 것이 모여서 이루어진 분자라는 개념입니다. 분자란 물질의 성질을 갖는 가장 작은 입자라는 뜻입니다.

물질의 성질을 가졌다는 말은 어떤 의미일까요? 산소 원자 이야기를 예로 들어보겠습니다. 우리가 생명을 유지하기 위해서 반드시 산소 기체가 필요해요. 호흡을 하며 산소 기체를 우리 세포 구석구석에 보내주어야 생명 활동을 유지할 수 있지요. 그런데 이 산소라는 기체는 산소 원자 두 개가 모여야 산소 기체로서의 특징이 나타납니다. 만약 산소 원자가 3개가 모이면 어떤 일이 벌어질까요? 우리는 산소 원자 3개가 모이면 더 이상 산소 기체라고 부르지 않아요. '오존'이라는 이름으로 부르죠. 오존은 산소 원자 3개로 되어 있는 기체로 살균, 악취 제거 등에 유용하게 쓰입니다. 그런데 이 오존이 일정 농도 이상이 되면 눈이나 호흡기에 영향을 주고 장시간 노출되면 호흡 장애를 일으켜요. 그래서 오존이 심한 날은 오존주의보가 발령됩니다.

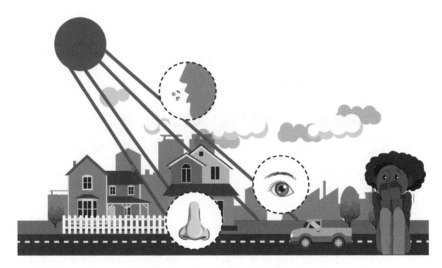

사람과 식물에 해로운 나쁜 오존
대류권에서 소독제, 악취 제거제로 사용되기도 하지만 사람과 식물에 해로워요.

똑같은 원자로 구성되어 있는데도, 이렇게 성질이 다른 것은 원자의 개수와 원자의 결합한 형태에 따라 물질의 성질이 결정되기 때문이에요. 따라서 같은 산소 원자로 이루어진 분자지만 산소 기체 분자가 될 수도 있고, 성질이 완전히 다른 오존 분자가 될 수도 있는 것이죠.

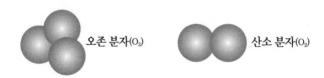

오존 분자(O_3)   산소 분자(O_2)

그렇다면 규리가 헷갈렸던 일산화 탄소와 이산화 탄소의 차이를 알아볼까요? 사실 일산화 탄소와 이산화 탄소는 우리가 나무나 종이와 같은 물질이나 연료 등을 태울 때 만들어지는 물질이에요. 탄소 원자가 충분히 산소 원자와 만나면 산소 원자 2개와 탄소 원자 1개가 함께 붙은 이산화 탄소(CO_2)가 되고요, 탄소 원자가 산소 원자와 충분히 만나지 못하면 산소 원자 1개, 탄소 원자 1개가 붙은 일산화 탄소(CO)가 되지요.

두 분자 모두 탄소와 산소로 구성되어 있지만 이 두 기체의 성질은 매우 달라요. 이산화 탄소는 알다시피 우리가 호흡을 할 때 나오는 기체이기도 하고요, 식물이 광합성을 하는 데 필요한 기체이기도 해요. 그리고 공기 중에 매우 많이 존재하기도 하죠. 즉, 이산화 탄소가 있다고 해서 우리의 생명이 위협받는 일은 없답니다.

하지만 같은 종류의 원자로 이루어진 일산화 탄소는 생명을 위협할 수 있어요. 우리가 일산화 탄소를 마시게 되면 일산화 탄소가 산소 기체의 자리를 빼앗고 온몸에 빠른 속도로 퍼지거든요. 산소가 필요한 몸에 일산화 탄소가 퍼지면서 우리 몸은 생명 활동을 하지 못해 결국 죽음에 이르는 것이죠. 즉 원자의 종류가 같아도 만나는 개수와 형태가 달라지면 완전히 다른 성질을 가진 물질이 되는 거죠.

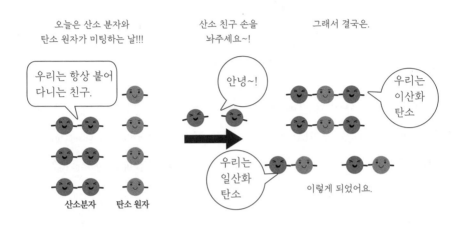

그럼 이런 분자의 개념을 가장 처음 생각한 사람은 누구일까요?

바로 아보가드로(A. Avogadro)라는 이탈리아 과학자입니다. 아보가드로는 여러분이 중학교 3학년 화학반응에서 다시 배울 수 있으니 이름을 기억해 두도록 합시다. 사람들이 원자로 모든 화학반응을 생각하던 당시, 그 설명에 모순이 생기는 것을 발견했어요. 수소와 산소 기체로 물이 만들어지는 반응을 원자로 설명하려면 원자가 쪼개져야만 설명이 된다는 것을 알게 된 것이죠. 원자는 특별한 힘을 가하지 않는 한 쪼개지지 않는데다, 원자가 쪼개질 수 있는 건 현대에 와서 가능한 일이었거든요. 그렇다면 원자가 쪼개지지 않고 그 이론을 설명하기 위해서는 처음부터 원자가 두 개 붙어 있으면 된다고 생각한 것이죠.

기체들이 반응한 결과는
기존의 원자설로는 설명할 수가 없어.
그걸 설명하려면 원자가 쪼개져야 하지.
어쩌면 물질은 원자가 여러 개 모여
있는 게 아닐까?

아보가드로의 분자론

그렇게 처음 아보가드로에 의해서 분자의 개념이 탄생했으나 그 당시에는 분자의 개념을 믿지 않았고, 아보가드로는 생전에 그의 업적에 대해 사람들한테 인정받지 못했어요. 하지만 그의 제자가 스승의 업적을 사람들에게 알리게 되고, 사후에 아보가드로의 업적은 인정받게 됩니다.

그렇다면 분자는 어떻게 생겼을까요?

사실 분자의 모형은 매우 다양합니다.

수소 기체, 암모니아, 이산화 탄소, 물, 염화 수소, 질소 기체 등 다양한 형태의 분자 모형을 살펴봅시다. 그리고 각 분자가 어떤 종류의 원자로 되어 있는지 확인해 봅시다. 산소 기체는 산소 원자 두 개가 나란히 모여 만들어져요. 질소 기체도 마찬가지로 질소 원자 두 개가 모여 만들어지죠. 염화 수소 역시 염소 원자와 수소 원자가 나란히 붙어 있어요. 염화 수소 기체를 물에 녹인 것이 우리가 실험에 많이 사용하는 염산이랍니다. 암모니아의 경우 질소 원자 한 개에 수소 원자 세 개가 빙 둘러가며 붙어 있어요. 메테인은 탄소 원자에 수소 원자가 네 개 붙어 있죠. 소독할 때 많이 사용되는 과산화 수소는 산소 원자 두 개와 수소 원자 두 개가 붙어 있답니다.

● 산소 원자, ● 수소 원자, ○ 질소 원자

분자	산소	물	암모니아
분자 모형			

● 탄소 원자, ● 산소 원자, ● 수소 원자, ○ 염소 원자

이산화 탄소	메테인	과산화 수소	염화 수소

물 분자와 이산화 탄소 분자를 볼까요? 물 분자는 산소 원자 한 개와 수소 원자 두 개로 되어 있고, 이산화 탄소는 탄소 원자 한 개와 산소 원자 두 개로 되어 있어요. 똑같이 3개의 원자로 만들어졌지만 이산화 탄소와 물의 분자는 서로 다르게 생겼어요. 분자의 모양은 원자의 특징과 원자가 결합하는 형태에 따라 달라지게 됩니다. 중학교에서는 왜 그러한 모양이 만들어지는지에 대해서 배우진 않아요. 그건 고등학교 화학 시간에 배우게 되죠. 중학교에서는 여러 가지 분자의 모형을 보면서 "아! 이런 모양으로 분자가 만들어지는구나." 하고 이해하면 된답니다.

이것만은 알아 두세요

1. 분자: 물질의 성질을 갖는 가장 작은 입자

2. 다양한 분자 모형

● 산소 원자, ● 수소 원자, ○ 질소 원자

분자	산소	물	암모니아
분자 모형			

● 탄소 원자, ● 산소 원자, ● 수소 원자, ● 염소 원자

이산화 탄소	메테인	과산화 수소	염화 수소

풀어 볼까? 문제!

1. 분자가 무엇인지 '원자', '성질'이라는 단어를 활용하여 설명하시오.

2. 물과 이산화 탄소를 구성하는 원자의 종류와 개수를 적고, 각각의 분자 모형을 그려보시오

정답

1. 분자는 원자가 모여 만들어진 것으로, 성질을 가진 가장 작은 입자이다.
2. 물: 수소 2개, 산소 1개   이산화 탄소: 탄소 1개, 산소 2개

 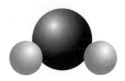

5. 분자식 써보기

"분자를 표현하려면 매번 그림을 그려야 하나요?"

분자에 대해 공부한 규준이가 선생님에게 질문을 합니다. 아마 그리기가 귀찮았나 봅니다. 원소는 원소기호라는 것으로 표현을 했는데요, 분자 역시 분자 기호가 있을까요? 분자를 그림 말고 좀 더 쉽고 편하게 표현할 수 있는 방법에는 무엇이 있을지 알아봅시다.

분자는 원자로 구성되어 있습니다. 그리고 원자는 원소기호로 표시할 수 있죠. 그렇다면 분자도 원소기호로 표시할 수 있지 않을까요? 분자를 구성하는 원자의 종류와 개수를 원소기호와 숫자로 표현한 식을 우리는 분자식이라고 부릅니다. 그럼 분자식을 쓰는 방법을 알아봅시다.

물을 가지고 예를 들어볼까요?

먼저 분자를 이루는 원자의 종류를 원소기호로 나타낼 수 있어야 합니다.

물은 수소 원자 2개와 산소 원자 1개로 되어 있지요. 그럼 수소 원자 2개를 먼저 표현해 봅시다. 수소는 원소기호로 H고, 이것이 2개 모여 있으니 숫자를 적어줍니다. 원소기호 오른쪽 아래에 작은 글씨로 말이죠.

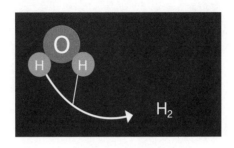

그리고 이번엔 사용된 산소 원자 1개를 적어봅시다. 마찬가지로 산소 원자의 원소기호인 O를 적고 한 개가 사용되었으니 오른쪽 아래에 1이라고 적어보았습니다.

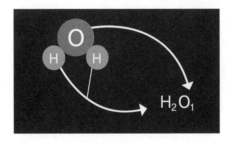

그런데 보통 1이라는 숫자는 생략을 하고 분자식을 쓰기 때문에 아래와 같이 H_2O라고만 적어주는 것이죠. 원소기호를 적을 때 주의점이 기억나나요? 원소기호를 이루는 두 번째 알파벳은 반드시 작은 글씨로 써야 한다고

했는데요, 마찬가지로 분자식에서 원자의 개수를 의미하는 숫자는 꼭 오른쪽에 작은 글씨로 써야 합니다. 가끔 서술형 문제에서 크기를 제대로 맞추지 않아 감점을 당하는 경우가 있답니다.

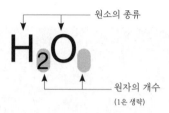

자, 그렇다면 이번에는 분자가 여러 개 있는 경우는 어떻게 표현할 수 있을까요? "사과가 3개 있어."라는 말을 기호로 표현해 본다면 마치 아래와 같지 않을까요?

마찬가지로 분자 역시 그 분자 앞에 숫자를 크게 적어주면 된답니다.

현재 위에서 말하는 것은 물 분자가 몇 개 있다는 뜻인가요? 네! 맞아요, 여러분. 물 분자 H_2O 앞에 큰 글씨로 숫자 2가 적혀 있는 것으로 보아 물 분자가 2개 있다는 의미겠네요.

여러분이 많이 어려워하는 부분이 바로 여기에요. 큰 숫자가 의미하는 것과 작은 숫자가 의미하는 것이 무엇인지 종종 헷갈려 하거든요.

큰 숫자는 전체 분자의 개수를 의미하고요, 작은 숫자는 앞의 원소가 몇 개인지를 의미하는 것이랍니다.

그럼 이제 연습을 해볼까요. 작은 동그라미가 수소, 큰 동그라미가 산소라고 할 때 어느 상자 안에 그림처럼 분자들이 들어있다고 해요. 이 분자들을 분자식으로 표현해 보도록 합시다.

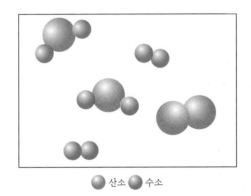

● 산소 ● 수소

먼저 큰 동그라미가 두 개 있는 것부터 시작해 볼게요. 큰 동그라미는 산소니까 원소기호로 O가 되겠네요. 그리고 이 산소 원자가 2개가 붙어 있어요. 그러니 숫자로 2를 적어주어야 하는데 숫자 2를 뒤에 붙일지, 앞에 붙일지가 고민이죠? 숫자를 앞에 붙이는 것과 뒤에 붙이는 것의 차이는 앞에 붙이면 뒤의 것이 2개란 의미이고, 뒤에 붙이면 앞의 것이 두 개란 의미죠. 그림을 보면 좀 더 이해하기 쉬울 것 같아요.

이해가 되셨나요? 그럼 정답은 산소 원자가 2개가 붙어서 하나의 산소 분자를 만들고 있으므로 숫자는 뒤에 적어야겠네요. 정답은 O_2입니다.

 → O$_2$

그렇다면 이번에는 작은 동그라미 두 개를 분자식으로 표현해 보도록 하겠습니다. 작은 동그라미는 수소니까 원소기호로 H가 되겠네요. 그리고 분자 하나를 수소 원자 2개가 구성하고 있으므로 H$_2$라고 분자식을 적을 수 있겠네요. 그리고 분자가 총 2개니까 수소 분자 앞에 2라고 적어주면 완성입니다.

 → 2H$_2$

그럼 이제 가장 어려운 것을 해볼까요? 큰 동그라미 한 개와 작은 동그라미 두 개가 붙은 분자를 분자식으로 적어봅시다. 먼저 산소가 한 개, 수소가 2개이니 H$_2$O라고 적을 수 있겠네요. 이 분자는 여러분이 많이 보았던 물이군요! 그런데 이 물 분자가 몇 개인가요? 2개인 것을 확인할 수 있습니다. 그렇다면 물 분자가 2개라는 의미로 분자식 앞에 2라는 숫자를 크게 적어주면 되겠네요. 그래서 2H$_2$O라고 쓸 수 있죠.

→ 2H$_2$O

이렇게 분자식 앞에 붙는 숫자, 분자의 개수를 알려주는 숫자를 우리는 "계수"라고 부릅니다. 이 책에서는 뒷부분에, 그리고 중학교에서는 3학년 때 배우게 돼요.

물 분자 말고도 여러 가지 분자들의 분자식을 추가로 알고 있어야 합니다. 몇 가지 중요한 분자식을 알려줄 테니 기본적으로 알고 있도록 합시다. 사실 분자식을 쓸 때 몇 가지의 규칙이 더 있답니다. OH_2로는 쓰지 않는 이유, CO와 CO_2는 가능한데 CO_5는 불가능한 이유 등등 말이죠. 하지만 이 부분은 여러분의 중학교 과정 수준을 넘어가는 내용이라 여기서는 다루지 않아요. 여러분이 화학을 더 깊이 공부하게 된다면 다시 학습하고 모든 분자들이 규칙적으로 만들어졌다는 생각을 하게 될 거예요. 그러니 화학이 암기과목이라는 편견은 갖지 말아주세요.

물질	분자식	물질	분자식
수소	H_2	헬륨	He
산소	O_2	오존	O_3
물	H_2O	과산화 수소	H_2O_2
염화 수소	HCl	암모니아	NH_3
이산화 탄소	CO_2	일산화 탄소	CO
메테인	CH_4	프로페인	C_3H_8

┌─ 이것만은 알아 두세요 ─

1. 분자식: 분자를 구성하는 원자의 종류와 개수를 원소기호와 숫자로 표현한 식
2. 원자의 개수는 원소기호 오른쪽 아래에 작은 글씨의 숫자로 표현하고, 1은 생략한다.
3. 분자의 개수는 분자식 맨 앞에 큰 글씨의 숫자로 표현하고, 계수라고 부른다.

1. 아래의 그림을 보고 적절한 분자식으로 표현하시오.

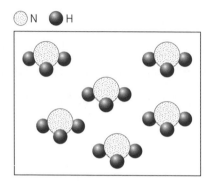

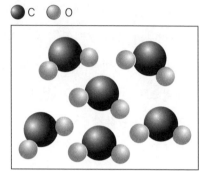

2. 염화 수소와 산소 기체의 분자식을 각각 적어보시오.

정답

1. $6NH_3$, $6CO_2$

2. HCl, O_2

6. 전하를 띤 입자, 이온

"운동 후에는 이온음료가 짱이지!"

친구들과 농구를 한 규준이는 집으로 돌아오는 길에 편의점에서 이온음료를 샀습니다. 땀을 많이 흘린 뒤에는 물보다 이온음료가 더 좋다는 광고 때문이기도 하지만 달달하고 짭짤한 그 맛은 규준이가 좋아하는 맛이기도 하거든요.

이온음료의 광고를 보면 물보다 흡수가 빠르다고 합니다. 이온음료의 흡수가 왜 빠른 것일까요? 그리고 이온음료에 들어 있는 이온의 정체는 무엇일까요?

물질을 이루는 가장 작은 입자는 원자입니다. 원자의 구조가 기억나나요? 원자는 (+)전하를 띤 원자핵과 (-)전하를 띤 전자로 되어 있습니다. 원자핵은 깨지지도 않고, 가운데 콕 하고 박혀 있어서 움직이지도 않아요. 하지만 전자는 그렇지 않죠. 전자는 다른 곳에서 잘 들어오기도 하고, 원자 밖으로 잘 나가기도 한답니다. 전자가 들어오고 나가는 것은 원자핵에 따라 달라져요. 즉 어떤 종류의 원자는 전자를 잃기 쉽고, 다른 종류의 원자는 전자를 얻기가 쉽죠. 이렇게 중성인 원자가 전자를 잃거나 얻으면 전하를 띠게 되고, 전하를 띠는 입자를 우리는 이온이라고 부르는 것입니다.

중성인 원자가 전자를 잃어버리면 (−)전하가 부족하게 되겠죠? 그런 이온을 우리는 양이온이라고 부른답니다.

중성인 원자가 전자를 얻으면 (−)전하가 넘치게 되겠죠? 그런 이온을 우리는 음이온이라고 부른답니다.

원소는 대체로 금속과 비금속 원소로 나눌 수 있어요. 금속 원소는 여러분들이 알다시피 철, 구리, 금, 은과 같은 것들로 액체인 수은을 제외하고는 고체로 되어 있지요. 비금속 원소는 수소, 산소, 질소, 황, 헬륨 등등 고체나 기체이고 금속이 가진 특징을 가지고 있지 않아요.

	금속 원소	비금속 원소
어떤 상태인가?	고체(수은은 액체)	대부분 고체, 기체
전기가 통하는가?	통한다.	통하지 않는다.
예시	알루미늄, 나트륨	수소, 헬륨, 황

금속 원소와 비금속 원소 이야기를 한 이유는 금속 원소인지, 비금속 원소인지에 따라 양이온이 되려는 성질과 음이온이 되려는 성질이 다르기 때문입니다. 금속 원소는 양이온을 주로 만든답니다. 주기율표에서 주로 왼쪽 1, 2, 3번째 줄에 해당하는 원소들이 주로 금속 원소입니다. 대체로 전자를 1개에서 3개 정도 잃어버리는 성질을 가지고 있습니다. 비금속 원소는 주로 음이온을 만든답니다. 주기율표에서 주로 오른쪽에 위치하는 원소들로, 전자를 1개에서 3개까지 얻으려고 하는 성질을 가지고 있지요.

이온이 되면 이름이 달라질까요? '규준, 가연'처럼 이름을 가진 우리는 몸을 다쳐도, 옷을 바꿔 입어도 이름이 바뀌지는 않지요. 하지만 원자에서 이온이 되면 아주 약간 이름이 바뀌는 경우가 있답니다.

나트륨 같은 경우 전자를 잃어버리면 '나트륨 이온'이 됩니다. 그냥 원소 옆에 '이온'이라는 말을 붙이면 되는 것이죠. 그런데 염소는 전자를 얻으면 '염소 이온'이 아니라 '염화 이온'이라고 한답니다. '소'라는 글자가 '화'로 바뀌어야 하는 것이죠. 음이온이 되는 경우 대부분 '화'를 붙여서 읽어요. 특히 '소'로 끝난다면 '화'로 바꾸어 읽어 주세요.

음이온이 되는 원소:

산소 → 산소 이온 × , 산화 이온 ○

염소 → 염소 이온 × , 염화 이온 ○

플루오린 → 플루오린 이온 × , 플루오린화 이온 ○

그렇다면 이온은 어떻게 쓰는 것일까요? 이온은 원소기호를 먼저 적은 후 전자의 이동 개수에 따라 +, −를 써준답니다. 나트륨 이온은 전자 한 개를 잃어버리고 나트륨 이온이 되는 성질이 있어요. 나트륨 이온은 그래서 원소기호의 오른쪽 위에 + 표시를 해줍니다.

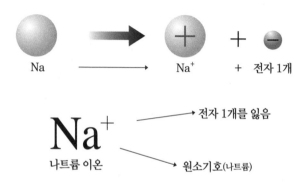

그렇다면 마그네슘 이온과 같이 전자를 두 개 잃어버리는 이온은 어떻게 적어줄까요? 똑같이 원소기호를 적고 + 앞에 2라는 숫자를 적어줍니다.

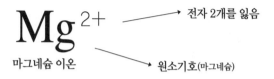

Mg   Mg²⁺   +   전자 2개

이번에는 음이온의 경우를 알아볼까요? 방법은 양이온과 똑같아요. 원소기호를 적고 얻은 전자의 개수를 오른쪽 위에 표시해 주는 것이죠. 염소 원자는 전자 한 개를 얻는 성질이 있어요. Cl⁻ 이온이 된답니다.

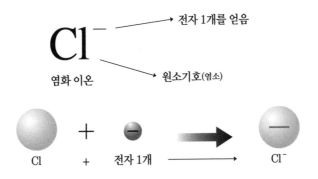

Cl⁻   전자 1개를 얻음

염화 이온   원소기호(염소)

Cl   +   전자 1개   Cl⁻

산소 원자는 전자 두 개를 얻어서 O²⁻ 이온이 되지요.

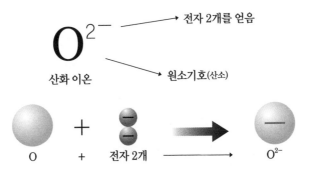

O²⁻   전자 2개를 얻음

산화 이온   원소기호(산소)

O   +   전자 2개   O²⁻

이온 중에는 나트륨 이온, 염화 이온처럼 원자 1개로 이루어진 이온이 있지요. 하지만 여러 개의 원자가 모여 전하를 띠며 하나의 이온을 만드는 경우도 있어요. 탄산 이온이나 황산 이온 등이 거기에 해당하는 이온이랍니다. 원자 여러 개가 하나의 이온을 만드는 경우 다원자 이온이라고 부르죠. 탄산 이온은 단어 그대로 탄소와 산소 원자가 합쳐진 다원자이고요, 황산 이온은 황 원자와 산소 원자가 합쳐진 다원자 이온입니다. 몇 가지 이온은 자주 나오니 알아두도록 해요.

양이온	이온식	음이온	이온식
수소 이온	H^+	염화 이온	Cl^-
나트륨 이온	Na^+	산화 이온	O^{2-}
칼륨 이온	K^+	황화 이온	S^{2-}
은 이온	Ag^+	질산 이온	NO_3^-
칼슘 이온	Ca^{2+}	탄산 이온	CO_3^{2-}
암모늄 이온	NH_4^+	황산 이온	SO_4^{2-}

이러한 이온을 모형으로 나타내는 경우도 많아요. 먼저 원자 상태를 모형으로 만들어 줍니다. 원자의 (+)전하량이 원자마다 다르다는 사실을 기억하고 있나요?

(+)전하량을 원자핵에 그려 줍니다. 그리고 (+)전하량에 맞도록 (-)전하를 띠는 전자를 배열해주세요. 그리고 양이온이 된다면 전자를 제거하고, 음이온이 된다면 전자를 추가해주세요. 물론 전자의 개수는 이온의 종류에 따라 맞추어야겠죠? 리튬과 같이 전자 한 개를 잃어버리고 양이온이 된다면 전자 한 개를 빼내야 해요. 플루오린화 이온은 전자 한 개를 얻고 음이온이 되는 이온이니 전자 모형 하나를 추가해줍니다.

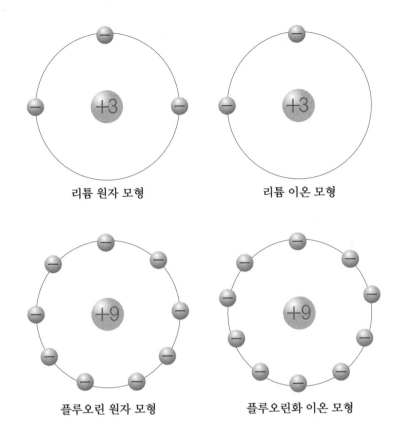

리튬 원자 모형   리튬 이온 모형

플루오린 원자 모형   플루오린화 이온 모형

이온음료는 이온이 많이 포함된 음료예요. 일반적인 물에는 이온이 많지 않지요. 우리 몸은 대부분 물로 되어 있고, 물 안에는 수많은 이온이 존재하죠. 이 이온들은 우리 생명을 유지하는 데 매우 결정적인 영향을 미칩니다. 예를 들어 우리가 소금을 섭취하지 않으면 생명이 위독해지는데, 그 이유는 소금은 나트륨 이온과 염화 이온을 우리에게 공급해주기 때문이죠. 그런데 땀을 흘리면 땀과 함께 나트륨 이온과 염화 이온이 몸 밖으로 빠져나가기 때문에 그것을 다시 섭취해줄 필요가 있어요. 그래서 이온음료를 마시면 물과 함께 수많은 이온을 우리 몸에 공급해 줄 수 있어서 몸을 회복하는 데 더욱 효과적인 것이지요.

이것만은 알아 두세요

1. 이온: 중성인 원자가 전자를 잃거나 얻어 전하를 띠는 입자

2. 양이온: 전자를 잃어버린 이온, 음이온: 전자를 얻은 이온

3. 양이온은 원소 이름에 '이온'을 붙이고, 음이온은 '화'라는 글자를 넣고 이온이라고 읽는다. 이때 '소'는 '화'로 바꾸어 읽는다.

4. 이온은 원소기호를 적고 오른쪽 위에 양이온의 경우 +, 음이온의 경우 − 를 적어 준다.

풀어 볼까? 문제!

1. 다음은 이온의 이름과 기호를 나타낸 것이다. 빈 칸을 채우시오.

이름	기호	이름	기호
	Cl⁻	암모늄 이온	
마그네슘 이온		탄산 이온	

2. 아래의 모형을 보고, 이온을 기호로 나타내 보시오.

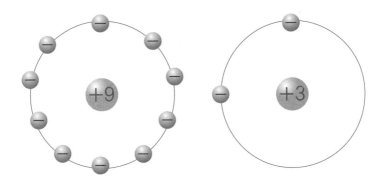

정답

1.

이름	기호	이름	기호
염화 이온	Cl^-	암모늄 이온	NH_4^+
마그네슘 이온	Mg^{2+}	탄산 이온	CO_3^{2-}

2. F^-, Li^+

Part 4. **물질의 특성**

안녕하세요. 물질의 세계 단체 채팅방에 오신 걸 환영해요. 이번 주 금요일 물질의 축제 행사에 다들 역할을 하나씩 맡아주셔야 해요.
행사의 중심을 잡아주는 사회자로는 어느 분이 좋을까요?
물

 아무래도 묵직~하게 흔들지 않고 중심을 잡아주려면 묵직한 황금님이 좋을 것 같아요.
수소

네, 좋습니다. 그렇다면 행사 전 분위기를 밝게 하는 퀴즈 진행자는 누가 좋을까요?
물

 신나면 얼굴이 노랗게 변하는 나트륨님 어떠세요?
질소

 맞아요. 나트륨님은 절 만날 때 가끔 신이 나면 얼굴에서 노란빛이 방출돼요. 완전 신기!
산소

행사는 총 2개의 층에서 진행돼요. 2층 바닥 공사를 한 지 얼마 되지 않아서 좀 가벼운 분들이 2층으로 이동하셔야 해요.
물

 저랑 에탄올은 2층으로 갈게요.
식용유

 식용유님 저도 데리고 가세요.
아, 참! 수소, 산소 너희들도 와야 해!
헬륨

 알겠어! 그럼 금요일에 만나서 같이 가자고!
에탄올

Send

1. 순물질과 혼합물

말랑말랑하면서도 쭉쭉 늘어나는 슬라임을 만들어 볼까요.

슬라임 재료로는 PVA 성분의 물풀과 붕사 가루가 필요해요. 여기에 알록달록한 구슬을 더해 구슬 슬라임을 만드는 방법은 다음과 같아요.

종이컵에 PVA 성분의 물풀을 넣고 붕사 가루를 조금씩 넣으며 나무막대로 쓱쓱 저어줍니다. 이윽고 PVA와 붕사가 화학 반응하며 끈적끈적한 콧물과 같은 슬라임이 형성돼요. 만약 끈적함이 싫다면 붕사 가루를 조금 더 넣어주면 됩니다. 여기에 알록달록한 구슬을 넣고 잘 반죽해주면 예쁜 구슬이 톡톡 박힌 구슬 슬라임을 만들 수 있어요.

그런데 구슬 슬라임을 다시 원래 상태의 PVA 물풀과 붕사 가루, 구슬로 분리할 수 있을까요? 구슬은 손으로 하나씩 쏙쏙 뽑아내는 방법으로 분리할 수 있어요. 그러나 이미 화학 반응을 하여 새로운 물질로 변한 끈적끈적한 슬라임은 칼로 자르거나 끓는 물에 넣어도 원래 상태의 두 물질로 되돌리기 어려워요.

　우리 주변에는 구슬 슬라임과 같이 여러 가지 물질이 섞여 있는 것들이 많이 있어요. 물질은 섞여 있는 방법에 따라 혼합물과 화합물로 분류할 수 있어요. 혼합물은 두 가지 이상의 물질이 자신의 성질을 그대로 가진 채 섞여 있는 물질을 말해요. 예를 들어 시금치, 콩나물, 당근, 밥, 고추장을 섞어 비빔밥을 만들었을 때, 시금치와 콩나물, 고추장 등의 재료들이 자신의 성질을 그대로 가진 채 섞여 있으므로 비빔밥은 혼합물이랍니다. 우리가 매일 마시는 공기도 질소 기체와 산소 기체, 이산화 탄소 기체 등이 섞여 있는 혼합물이에요. 소금물도 소금과 물이 자신의 성질을 그대로 가진 채 섞여 있는 혼합물이랍니다.

밥과 여러 야채들이 섞여 있는 혼합물인 비빔밥

혼합물은 성분 물질이 섞여 있는 방법에 따라 균일 혼합물과 불균일 혼합물로 나뉘어요. 물에 설탕과 이산화 탄소 기체를 넣어 만든 탄산음료의 경우 빨대로 탄산음료의 위쪽을 마셨을 때와 탄산음료의 아래쪽을 마셨을 때 탄산음료의 맛은 같아요. 탄산음료는 물과 설탕, 이산화 탄소 기체가 균일하게 섞여 있는 균일 혼합물이기 때문에 혼합물의 어느 부분을 취해도 성분 물질의 비율이 같아요. 그러나 물에 미숫가루를 탄 경우 빨대로 미숫가루 음료의 위쪽을 마셨을 때보다 아래쪽을 마셨을 때 미숫가루의 맛이 더 진하게 느껴지는데, 이것은 곡물가루와 물이 섞여 있는 비율이 위치에 따라 균일하지 않기 때문이에요.

균일 혼합물인 탄산음료

불균일 혼합물인 미숫가루음료

다음은 공원에 가면 볼 수 있는 암석의 사진이에요. 암석의 표면을 확대해 보면 흰색, 검은색, 분홍색 등의 알갱이가 불균일하게 섞여 있는 것을 알 수 있어요. 이 암석은 화강암으로 흰색인 석영, 검은색인 흑운모, 분홍색인 장석이 불균일하게 섞여 있는 혼합물이에요. 암석의 어떤 부분은 석영이 풍부하고, 또 다른 부분은 장석이 풍부하기 때문에 암석의 색깔이 불균일한 것이지요.

불균일 혼합물인 암석

혼합물을 만들 때 임의로 성분 물질의 비율을 조절할 수 있어요. 소금물을 만들 때, 일정한 양의 물에 소금을 얼마만큼 넣느냐에 따라 진한 농도의 소금물을 만들 수도 있고 낮은 농도의 소금물을 만들 수도 있어요. 혼합물은 손으로 직접 골라내거나 체에 거르는 등의 기계적 분리를 통해 분리할 수 있어요. 또는 혼합물을 가열하여 녹는점이나 끓는점이 낮은 순서대로 분리하거나 냉각시켜 녹는점이나 끓는점이 높은 순서대로 분리할 수 있어요.

구슬 슬라임은 구슬과 슬라임이 마구 섞여 있는 혼합물이에요. 그러나 슬라임은 PVA 물풀과 붕사가 화학 반응하여 자신의 성질을 잃어버리면서 섞여 있는 물질이에요. 슬라임과 같이 물리적인 방법으로 분리할 수 없는 물질을 순물질이라고 해요.

순물질은 홑원소물질과 화합물로 분류할 수 있어요. 홑원소물질은 구리선, 알루미늄 포일, 탄소막대 등 한 종류의 원소로 이루어진 물질이에요. 화합물은 두 종류 이상의 원소가 화학 결합하여 만들어진 물질로 수소와 산소가 결합한 물, 나트륨과 염소가 결합한 소금, 탄소와 수소, 산소가 결합한 설탕 등이 있어요. 화합물은 칼로 자르거나 끓이는 등의 물리적 방법을 통해서는 성분 원소로 분리할 수 없어요. 물에 전기를 흘려주어 수소와 산소로 분해하거나 화합물에 다른 물질을 첨가해 새로운 화학결합을 만들어주는 등 화학적 방법을 통해 원래 성분의 원소로 분리할 수 있어요.

물의 녹는점은 0℃, 소금의 녹는점은 801℃, 철의 녹는점은 1,538℃로 화합물은 혼합물과 달리 녹는점과 끓는점이 일정해요. 화합물은 혼합물과 달리 성분 원소의 비율이 일정한 특징이 있어요. 소금물은 소금과 물의 비율을 다양하게 변화시켜 만들 수 있지만, 소금은 항상 나트륨과 염소가 1:1의 성분비로 구성되어 있어요. 물 분자의 경우 수소와 산소가 2:1의 성분비로 구성된 화합물이에요.

이것만은 알아 두세요

1. 혼합물: 두 가지 이상의 물질이 자신의 성질을 그대로 가진 채 섞여 있는 물질. 물리적 방법을 통해 두 종류 이상의 물질로 분리할 수 있다.
2. 균일 혼합물: 두 가지 이상의 물질이 균일하게 섞여 있는 혼합물. 공기, 소금물
3. 불균일 혼합물: 두 가지 이상의 물질이 불균일하게 섞여 있는 혼합물. 암석, 우유
4. 순물질: 물리적인 방법으로 분리할 수 없는 물질. 홑원소물질과 화합물로 분류할 수 있다.
5. 홑원소물질: 한 종류의 원소로 이루어진 물질. 철, 구리와 같은 금속 및 탄소막대, 산소 기체와 같은 비금속 물질
6. 화합물: 두 종류 이상의 원소가 화학결합으로 이루어진 물질. 기존 원소의 성질을 잃어버리고 새로운 성질을 갖는다. 물, 소금, 설탕 등

풀어 볼까? 문제!

1. 그림은 우리 주위의 여러 가지 물질을 일정한 기준에 따라 분류한 모식도
   이다. (가) ~ (라)에 들어갈 알맞은 물질을 쓰시오.

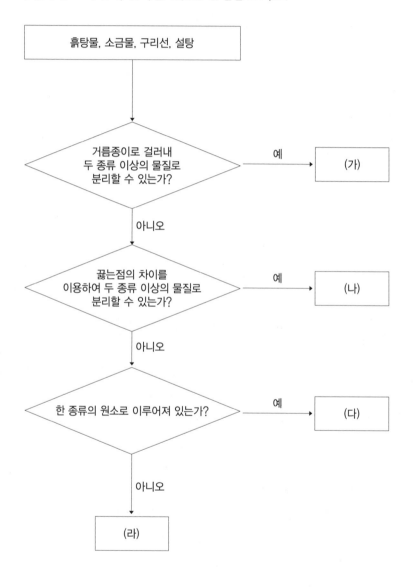

2. 사진 (가)는 다이아몬드의 사진과 결정구조를, (나)는 역암의 사진을 나타
   낸 것이다. 사진을 통해 다이아몬드와 역암을 순물질과 혼합물로 비교하
   고, 그렇게 생각한 이유를 쓰시오.

(가)   (나)

정답

1. (가) 흙탕물, (나) 소금물, (다) 구리선, (라) 설탕
2. 다이아몬드는 순물질이고 역암은 혼합물이다.
   다이아몬드는 한 종류의 원소로 이루어진 물질이므로 순물질에 해당한다. 역암
   은 다양한 종류의 흙이 모여 굳어진 암석으로 여러 물질이 섞여 있는 혼합물에
   해당한다.

2. 끓는점과 녹는점에 의한 분리

영철이는 명절에 친척들과 모여 성묘를 하는 중에 어른들이 투명한 맑은 액체를 잔에 따르고 산소 근처에 뿌리는 것을 보았습니다.

"아빠, 저건 뭐예요?"

"저건 소주와 비슷한 술이지."

"그럼 옛날에도 소주가 있었어요?"

영철이가 알고 있는 우리나라 술은 우유같이 생긴 막걸리인데, 저렇게 맑은 술은 도대체 어떻게 옛날 사람들이 구했을지 궁금했습니다. 과연 우리 조상들은 막걸리에서 어떻게 저렇게 맑고 투명한 술을 만들어 낼 수 있었을 까요?

조선시대의 왕들은 흉작이 들어 백성들이 굶주리면 종종 술을 마시는 것을 법으로 제한하는 금주령을 내렸습니다. 과거의 소주는 쌀을 주원료로 하기 때문인데요, 쌀을 불려서 시루에 쪄 밥을 만들고 여기에 누룩을 넣어 발효시킵니다. 그럼 우리가 아는 막걸리의 상태가 되지요. 이것을 증류해 얻은 것이 바로 소주입니다. 증류란 끓는점의 차이를 이용해서 혼합물을 분리하는 방법입니다.

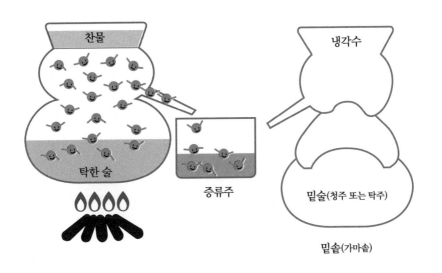

소줏고리의 아랫부분에 모인 탁한 술에는 물과 에탄올이 모두 포함되어 있습니다. 에탄올의 끓는점은 78.3℃이고 물의 끓는점은 100℃입니다. 따라서 소줏고리 아랫부분을 가열하면 끓는점이 낮은 에탄올이 먼저 기화하여 소줏고리의 위쪽으로 날아가게 됩니다. 기화되어 날아가던 에탄올 입자들은 찬물이 담긴 윗부분에 부딪치며 열을 빼앗기게 되고 다시 액화되지요. 즉 기체였던 에탄올이 다시 액체로 변하는 것이랍니다. 마치 목욕탕의 천장에 수많은 물방울이 맺혀 있는 모습을 상상하면 될 것 같아요. 그렇게 모인 에탄올 방울들은 아래로 떨어지며 경사진 대롱을 통해 소줏고리 바깥에 모이는 것이랍니다.

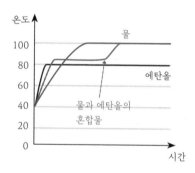

이렇게 섞여 있는 두 액체 혼합물에서 끓는점에 차이가 나면 우리는 증류를 통해 혼합물을 분리할 수 있습니다. 끓는점의 차이가 난다는 것은 어떤 의미일까요? 끓는점은 입자들 간의 인력을 끊어내고 기화되어 입자가 공기 중으로 날아가는 온도입니다. 즉, 그만큼의 열(에너지)을 주어야 인력을 끊어 낼 수 있다는 의미이지요. 따라서 에탄올은 물보다 입자 간 인력이 작기 때문에 적은 에너지만으로도 기화될 수 있어서 물과 에탄올이 섞여 있는 혼합물에서 에탄올이 물보다 먼저 끓어 나오는 것이지요.

이제 탁한 술에서 증류된 순수한 에탄올을 얻을 수 있는 원리를 아시겠지요? 같은 방식으로 여러 가지 기체가 섞여 있는 혼합물인 공기는 온도를 서서히 낮추면, 끓는점이 가장 높은 질소가 먼저 액체가 되어 분리되어 나오고 끓는점이 더 낮은 산소는 나중에 분리되어 나와요.

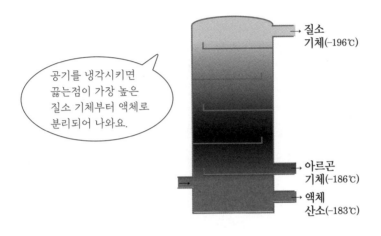

공기를 냉각시키면 끓는점이 가장 높은 질소 기체부터 액체로 분리되어 나와요.

질소 기체(-196℃)

아르곤 기체(-186℃)

액체 산소(-183℃)

그렇다면 이렇게 액체와 액체의 혼합물이 아닌 고체와 액체의 혼합물에서 끓는점은 어떻게 될까요?

라면을 끓일 때 라면 스프를 먼저 넣는 것이 좋은지, 면과 함께 넣는 것이 좋은지는 개인의 취향이지만 스프를 먼저 넣으면 물만 있을 때보다 더 높은 온도에서 끓는 것은 사실입니다. 그냥 물에 덴 것보다 소금기가 있는 국에 덴 때 더욱 심한 화상을 입는 것도 국이 끓을 때의 온도가 100℃보다 더 높기 때문인데요. 왜 순수한 물에 고체 가루를 넣으면 끓는점의 온도가 올라가는 것일까요?

앞서 이야기했듯이 액체 입자가 기화되기 위해서는 입자 간의 인력을 끊고 공기 중으로 날아갈 수 있어야 한다고 했죠. 그런데 소금 입자들이 액체 안에 섞여 있다고 생각해 봅시다. 새로 들어온 소금 입자들 때문에 공기 중으로 날아가려는 데 방해를 받을 것입니다. 소금 입자들의 방해를 이겨내고 기체로 날아가기 위해서는 더 많은 에너지가 필요할 거예요. 결과적으로 더 많은 열이 필요하다는 뜻이니까, 온도는 올라가겠죠? 물만 있었다면 100℃ 정도까지 물의 온도를 올릴 수 있는 열로 충분히 기화되었지만, 방해하는 소금 입자들로 인해서 100℃보다 더 많은 열을 주어야지만 기체로 날아갈 수 있다는 의미입니다. 즉, 더 높은 온도에서 끓는다는 것이에요. 그리고 시간이 흐르면 흐를수록 물 분자들이 계속 기화되고, 남은 액체에 있는 물 분자들은 처음보다 상대적으로 소금 입자가 더 많아진다고 느끼게 될 거예요. 실제 소금 입자의 개수에는 변화가 없지만 물 분자들이 계속 줄어드니 말이지요. 그래서 시간이 지날수록 끓는 온도는 점점 더 높아지는 결과를 얻게 된답니다.

소금이랑
손을 잡고 있어서
우리만 있을 때처럼
쉽게 날아갈
수는 없어.

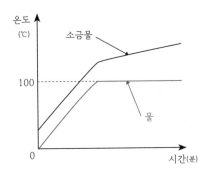

소금 때문에 끓는점에 변화가 생기는 것처럼 어는점에도 변화가 생깁니다. 물에서 열을 빼앗기며 얼음이 될 때, 소금 때문에 더 낮은 온도로 낮추지 않으면 얼음이 생기지 않거든요. 따라서 민물인 강물은 얼지만, 소금이 섞인 바닷물은 아무리 추워도 잘 얼지 않는 것이랍니다.

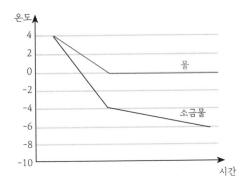

이처럼 끓는점과 녹는점은 순물질일 때와 혼합물일 때가 다르답니다. 또한 압력에 따라 달라지기도 해요. 주방에서 사용하는 압력 밥솥은 압력에 의한 물의 끓는점 변화를 이용한 장치예요. 물은 공기의 압력이 높으면 액체 분자가 기체 분자가 되어 물 밖으로 튀어 나가기가 어려워져요. 따라서 압력이 높아질수록 물의 끓는점은 높아지게 된답니다. 압력 밥솥은 내부의 공기가 빠지지 않도록 하는 장치가 되어 있어요. 그 장치로 압력 밥솥 내부의 기압을 우리가 살고 있는 지구의 대기압인 1기압보다 2배나 높일 수 있답니다. 따라서 압력 밥솥 내부에서는 물이 120℃가 되어야 끓을 수 있어요. 높은 온도에서 음식을 조리할 수 있기 때문에 빨리 재료를 익힐 수 있답니다. 반대로 한라산과 같이 높은 산에 가면 기압이 낮아지기 때문에 물의 끓는점이 낮아져요. 실제로 1,950m 높이의 한라산 정상에서는 물이 94℃에서 끓어요. 따라서 밥을 지으면 쌀알이 잘 익지 않는답니다.

일반 냄비   압력 밥솥

이것만은 알아 두세요

1. 끓는점: 액체 상태의 물질이 기체 상태로 변하는 온도. 물질마다 다르다.
2. 녹는점: 고체 상태의 물질이 액체 상태로 변하는 온도. 물질마다 다르다.
3. 끓는점과 녹는점은 혼합물일 때 달라진다.
4. 끓는점이 다른 액체의 혼합물은 증류를 이용하여 분리할 수 있다.
5. 끓는점과 녹는점은 압력에 따라 변한다.

풀어 볼까? 문제!

1. 표는 집 안에서 만날 수 있는 여러 가지 액체의 끓는점을 나타낸 것이다.

물질	끓는점
물	100℃
에탄올(소독약)	78℃
식초	117.9℃

세 물질 중 분자 간의 인력이 가장 클 것으로 예상되는 액체는 무엇인지 쓰고, 그렇게 생각한 이유를 쓰시오.

2. 다음은 철수의 여행일지와 철수가 방문한 지역의 해발고도를 나타낸 것이다.

1월 4일: 제주공항에 도착하였다.
1월 5일: 가족과 함께 한라산 정상에 올라 매점에서 파는 컵라면을 맛있게 먹었다.
1월 6일: 제주도 용천동굴에 가니 땅 속 15m 깊이에 위치한 호수가 있었다.

해발고도(해수면을 기준으로 하여 측정 대상까지의 높이)

제주공항	한라산	용천동굴
36m	1,950m	−15m

철수가 방문한 제주공항, 한라산, 용천동굴 중 물의 끓는점이 가장 낮을 것으로 예상되는 곳을 찾고, 그렇게 생각한 이유를 쓰시오.

정답

1. 식초. 분자 간 잡아당기는 인력이 클수록 끓는점이 높다. 따라서 끓는점이 가장 높은 식초가 분자 간의 인력이 가장 클 것으로 생각할 수 있다.
2. 한라산. 물의 끓는점은 압력에 의해 달라진다. 압력이 높을수록 물의 끓는점은 높아진다. 해발고도가 가장 높은 한라산의 대기압이 가장 작기 때문에 한라산의 끓는점이 가장 낮다.

3. 밀도

세상에서 가장 무거운 물질과 가벼운 물질은 무엇일까요? 가벼운 종이라
도 수천 장 모여 있으면 무거워서 들 수 없고, 무거운 금속 못이라도 손톱만
큼의 양이라면 손쉽게 들 수 있지요. 그렇다면 물질을 가볍고 무거운 정도로
나타내는 단위에는 어떤 것이 있을까요?

공기보다 가벼운 고체 에어로젤

왼쪽 사진은 현재까지 알려진 물질 중 가장 가벼운 고체인 '에어로겔 (aerogel)'이에요. 고체인데도 불구하고 공기보다도 가벼워요. 에어로겔은 구 멍이 숭숭 뚫려 있는 고체이기 때문에 같은 부피의 다른 고체에 비해 매우 작은 질량을 가지고 있어요.

물에 뜨는 돌 부석

이 사진은 물에 뜨는 돌인 부석이에요. 흔히 암석이라 하면 무거워서 물 아래로 가라앉는다고 생각할 수 있는데, 부석은 화산폭발 시 용암이 급속히 식어 만들어진 암석으로 암석 속에 화산 가스가 빠져나간 구멍이 숭숭 뚫려 있어요. 따라서 같은 부피의 다른 암석에 비해 매우 가볍고 심지어 물보다 도 가벼워서 물 위에 뜨는 돌이에요. 부석은 오래전부터 건축물의 지붕을 만 드는 데 사용했어요. 지붕이 너무 무거우면 건물이 무너질 수도 있기 때문에 가벼운 돌로 지붕을 만드는 것이 유리했기 때문이죠.

그렇다면 물질의 무겁고 가벼움을 나누는 기준은 무엇일까요? 그건 바로 '밀도'라는 개념이에요. 신문이나 방송에서 '서울의 인구밀도는 세계 1위이 다.'라는 말을 들은 적이 있을 거예요. 인구밀도는 $1km^2$의 넓이의 땅에 사는 사람의 수를 말해요. 즉, 같은 공간에 얼마나 사람이 많이, 빽빽이 살고 있는 지를 나타내는 단위이지요. 과학에서 사용하는 '밀도'는 같은 부피 안에 물

질을 구성하는 입자가 얼마나 **빽빽한지**를 숫자로 나타낸 개념이에요. 즉 물
질의 질량을 부피로 나눈 값으로 정의한답니다.

$$밀도 = \frac{질량}{부피}$$

질량이란 물질의 상태나 장소에 따라 변하지 않는 물체의 고유한 양을 말
해요. 질량의 측정 단위는 g이나 kg을 사용하고 윗접시저울을 통해 측정할
수 있어요.

부피란 물체가 차지하고 있는 공간을 말해요. 부피의 측정 단위는 mL나 L,
cm³이나 m³등을 사용해요. 액체 물질의 경우 눈금실린더에 넣어 부피를 측
정하고, 고체 물질의 경우 길이를 측정한 후 계산하여 부핏값을 계산하거나
고체를 액체에 넣은 후 증가한 액체의 부피로 고체의 부피를 측정해요.

모양이 불규칙한 물체의 경우 액체에 넣어 증가한 액체의 부피를 측정하
면 물체의 부피를 알아낼 수 있어요.

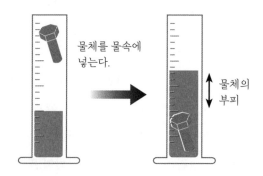

물체를 물속에 넣는다.

물체의 부피

다음 그림은 같은 질량의 유리구슬과 코르크 마개, 물의 부피를 나타낸 것이에요.

유리구슬
100g
40cm^3

코르크 마개
100g
400cm^3

물
100g
100cm^3

그림을 보면 세 물질의 같은 질량이 차지하는 부피가 크게 달라요. 질량을 부피로 나눈 밀도 값을 구해 보면 유리구슬 = 2.5g/cm^3, 코르크 마개 = 0.25g/cm^3, 물 = 1.0g/cm^3 임을 알 수 있어요. 세 개의 물질 중 유리구슬의 밀도가 가장 크고, 코르크 마개의 밀도가 가장 작아요. 이는 유리구슬을 이루는 입자들이 가장 빽빽이 모여 있고, 코르크 마개를 이루는 입자들이 가장 띄엄띄엄 모여 있기 때문이에요. 유리구슬을 물에 넣으면 물보다 밀도가 크기 때문에 물 아래로 가라앉고, 코르크 마개를 물에 넣으면 물보다 밀도가 작기 때문에 물 위로 뜨는 것을 확인할 수 있답니다.

밀도는 물질의 고유한 값이기 때문에 물질을 분류하는 기준으로 사용할 수 있어요. 과학실에서 물과 에탄올이 들어 있는 병의 이름표가 떨어진 경우를 생각해 볼까요. 실험을 위해 두 액체를 구별해야 하는 상황입니다. 맛을 보거나 냄새를 맡는 것은 위험할 수 있기 때문에 다른 방법으로 두 액체를 구별해야 해요. 이때 물질의 특성인 밀도를 이용할 수 있어요. 일반적으로 물의 밀도는 1g/cm^{3}이고, 소독약으로 쓰이는 에탄올의 밀도는 0.7g/cm^3

이므로 투명한 물과 에탄올이 있을 때 질량과 부피를 측정하면 물과 에탄올을 구별해 낼 수 있어요.

은빛의 같은 색깔을 가지는 철과 알루미늄 조각이 있을 때에도 밀도를 이용하여 두 금속 조각을 구별해 낼 수 있어요. 만약 같은 부피의 철과 알루미늄 조각이 있을 때 철의 밀도는 $7.87g/cm^3$, 알루미늄의 밀도는 $2.7g/cm^3$이므로 조각의 질량을 측정하면 두 금속을 구별할 수 있어요.

아주 오래전 고대 그리스의 수학자 아르키메데스(Archimedes)가 다른 금속이 섞인 가짜 왕관을 구별할 때도 이와 같은 방법을 사용했어요. 가짜 왕관을 물이 가득 담긴 수조에 넣으면 왕관의 부피만큼 물이 넘치게 돼요. 이때 넘친 물의 양이 왕관의 부피에 해당합니다. 그 후 왕관의 질량과 동일한 질량의 순수한 황금 덩어리를 물이 가득 담긴 수조에 넣어 흘러넘친 부피를 측정해요. 이제 순수한 황금 덩어리와 왕관의 부피와 질량을 통해 밀도를 계산할 수 있어요. 이와 같은 방법을 통해 왕관과 순수한 황금 덩어리의 밀도가 다름을 통해 가짜 왕관을 구별해 냈답니다.

물이 가득 든 수조에 왕관을 넣으면, 흘러넘친 물의 부피가 왕관의 부피에 해당해!

순금 = 왕관

가짜 왕관과 순수한 황금의 밀도 비교

같은 물질이라도 상태에 따라 밀도는 달라요. 일반적으로 물질은 '기체 〈 액체 〈 고체' 순으로 밀도가 커요. 기체보다 고체가 분자 사이의 거리가 가까워 같은 부피 안에 기체보다는 고체 입자가 더 빽빽하게 존재할 수 있기 때문이에요. 그러나 물의 경우는 특이하게도 '기체 〈 고체 〈 액체' 순으로 밀도가 커요. 이것은 물이 갖는 특별한 성질 때문이에요. 페트병에 물을 넣고 얼리면 페트병의 부피가 증가한 것을 확인할 수 있어요. 물은 얼음이 될 때 부피가 증가하는 성질을 가지고 있어요. 같은 질량의 물보다 얼음의 부피가 더 커요. 따라서 얼음이 물보다 밀도가 작으므로 얼음은 물 위에 뜨게 된답니다. 따라서 한겨울에 호수의 물이 얼어 얼음이 되면 호수 물 위에 뜨게 되므로 호수는 위쪽부터 얼게 되고 호수 아래에 있는 물고기들은 한겨울에도 얼지 않고 물속에서 살아갈 수 있답니다. 만약 얼음이 물보다 밀도가 크다면 호수 물은 아래부터 얼기 때문에 한겨울에 호수나 강의 물고기들은 얼어버릴 거예요.

밀도는 물질의 상태뿐만 아니라 온도와 압력에 의해서도 변할 수 있어요. 비행기가 발명되기 전 하늘을 날 때 사용된 열기구는 공기의 밀도 변화를 이용한 기구예요. 공기는 온도가 높아질수록 공기 입자들의 운동이 활발해지고, 입자들 간의 간격이 멀어지게 돼요. 온도가 증가하면 같은 부피에 들어 있는 공기 입자의 수가 감소하게 되고, 공기의 밀도는 줄어들게 돼요. 열기구는 큰 풍선 안에 공기를 채우고 밑에 바구니를 달아 만들어요. 열기구 안의 공기 온도를 증가시키면 밀도가 감소하게 되고, 주변 공기보다 가벼워지기 때문에 위로 떠오르게 돼요.

온도에 따른 공기의 밀도 변화는 자연 현상에도 흔히 나타나요. 한낮에 바닷가에서는 바다에서 육지로 해풍(海風)이 불게 되는데, 태양열에 의해 바닷가의 모래가 데워지면 모래 위 공기의 온도가 올라가고 공기의 밀도가 감소하게 돼요. 모래 위의 공기가 위로 상승하게 되면 빈자리를 채우기 위해 바닷물 위의 공기가 모래 위로 이동하며 바람이 불게 됩니다. 또한, 기체는 압력에 의해 부피가 변하기 때문에 기체의 압력이 증가하면 기체의 부피가 감소하게 되고 밀도는 증가하게 돼요. 따라서 기체의 밀도를 표시할 때는 꼭 압력과 온도를 같이 표시해야 해요.

열기구 안의 공기를 가열하면 바깥보다 공기 밀도가 낮아진다.

열기구 밖의 공기는 열기구 안의 공기보다 온도가 낮아 공기 밀도가 높다.

열기구가 떠오르는 원리

태양에 의해 가열된 공기 →
공기 밀도 낮아짐

육지(저)

바다(고)

낮에 해풍이 부는 원리

　물질의 밀도 특성이 우리 주변에서 활용되는 예를 몇 가지 살펴볼까요. 수영장이나 목욕탕에서 방귀를 뀐 적이 있나요? 물속에 생긴 방귀 기체는 물보다 밀도가 작기 때문에 물 위로 올라오는 것을 볼 수 있어요. 수영장에서 입는 구명조끼 안에는 물보다 밀도가 작은 물질이 들어 있어 구명조끼를 입으면 물 위에 뜰 수 있어요. 또한 튜브에 공기를 넣으면 공기는 물보다 밀도가 작으므로 튜브는 물 위에 뜨게 돼요.

　학교의 에어컨은 천장에 설치하는 것을 볼 수 있는데, 에어컨에서 나오는 차가운 바람은 공기보다 밀도가 커서 교실 바닥으로 가라앉게 되고, 교실에서 데워진 따뜻한 공기는 밀도가 작아 다시 천장으로 올라가게 되면서 교실 전체를 시원하게 만들어줘요. 물질의 밀도는 항공우주산업에도 사용돼요. 우주선을 만들 때 우주선의 무게가 너무 무거우면 발사하기가 힘들어요. 따라서 밀도가 매우 작은 에어로젤과 같은 고체 물질을 사용해서 우주선의 무게를 줄이기도 해요.

이것만은 알아 두세요

1. 질량: 물질의 상태나 장소에 따라 변하지 않는 물체의 고유한 양. 윗접시저울로 측정하며 g이나 kg의 단위를 사용한다.

2. 부피: 물체가 차지하고 있는 공간. 눈금실린더나 자를 이용하여 측정. mL나 L, cm^3이나 m^3의 단위를 사용한다.

3. 밀도: 물체의 질량을 부피로 나눈 값. 일정한 부피 안에 입자가 얼마나 빽빽하게 존재하는지를 나타내는 정도. 물질을 구별하는 특성으로 사용된다. g/mL, g/cm^3의 단위를 사용한다.

4. 기체의 밀도: 온도가 높아지면 기체의 부피가 증가하여 밀도가 작아진다. 압력이 증가하면 기체의 부피가 감소하여 밀도가 커진다. 따라서 기체의 밀도는 온도와 압력을 함께 표시해야 한다.

5. 일반적으로 '기체〈액체〈고체'의 순으로 밀도가 크다.
   물의 경우 '기체〈고체〈액체'의 순으로 밀도가 크다.

풀어 볼까? 문제!

1. 그림은 주방에서 찾은 같은 부피의 액체들의 질량을 측정한 값이다. 액체
   들을 컵에 조심히 담아 액체 탑을 만들 때, 각 위치에 해당하는 물질이 무
   엇인지 쓰시오.(단, 네 가지 액체는 서로 섞이지 않도록 조심스럽게 액체 탑
   을 만들어야 한다)

액체	물	식용유	시럽	포도 주스
100mL에 해당하는 질량(g)	100	93	400	200

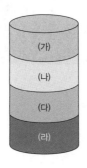

2. 다음은 가연이가 놀이공원에 가서 찍은 사진이다. 헬륨 기체가 들어 있는 풍선을 사서 사진을 찍으려던 순간 빗방울이 후두둑 떨어져 가연이는 풍선을 놓쳤다. 다음 사진을 보고 공기와 헬륨풍선의 밀도를 비교하여 설명하시오.

하늘로 날아가는 풍선

공기

정답

1. 밀도$[=\dfrac{\text{질량}}{\text{부피}}]$를 계산한 값이 가장 큰 시럽이 가장 아래에 위치하고, 밀도가 가장 작은 식용유가 가장 위에 위치한다. 따라서 (가)는 식용유, (나)는 물, (다)는 포도주스, (라)는 시럽에 해당한다.

2. 밀도를 비교하면 공기〉헬륨풍선이다.
   헬륨풍선은 공기보다 밀도가 작으므로 공기 중에서 위로 떠오르게 된다.

4. 용해도

아라비아 반도 서북쪽 이스라엘과 요르단 사이에 호수가 하나 있어요. 이 호수는 특이하게도, 호수로 흘러들어오는 물은 있지만 호수에서 다른 곳으로 흘러나가는 물은 없어요. 또한 더운 기후 때문에 물의 증발은 심하게 일어나지만 비는 거의 내리지 않아 호수의 염분 농도가 아주 높아요. 매우 짠 소금물로 이루어진 호수인 것이지요. 그래서 작은 세균이나 소금물에서 사는 식물을 빼면 어떤 생명체도 살 수 없어서 죽음의 호수, 즉 사해(死海)라고 불려요. 만약 소금을 가득 실은 이 배가 사해에 빠진다면 어떻게 될까요? 신기하게도 배에 실려 있는 소금이 대부분 녹지 않고 배에 남아 있을 거예요. 소금은 물에 굉장히 잘 녹는다고 알고 있는데 이게 어떻게 된 일일까요?

다음 사진은 사해의 소금기둥이에요. 사해는 전 세계에서 가장 염분 농도가 높은 바닷물이 모여 있는 곳이에요. 사해는 물에 녹을 수 있는 소금의 양이 모두 녹아 있는 굉장히 진한 소금물이기 때문에 물에 녹지 못한 소금이 모여 다시 소금 덩어리를 만들기도 해요. 따라서 배에 실려 있던 소금이 녹지 않고 대부분 그대로 있을 수 있는 것이지요. 그렇다면 물에는 소금을 얼마나 녹일 수 있을까요?

녹는다는 말에는 두 가지 뜻이 있어요. "얼음이 녹아 물이 되었다."라는 문장에서 "녹는다."는 고체 상태의 얼음이 액체로 상태변화 했음을 뜻해요. 또한, "설탕이 물에 녹았다."라는 문장에서 "녹는다."는 설탕 입자와 물 입자가 고르게 섞여 설탕물이라는 균질한 혼합물이 되었음을 뜻해요. 이때 물과 같은 용매에 설탕과 같은 용질 입자가 고르게 섞이는 현상을 '용해'라고 해요. 우리는 주변에서 용해 현상을 자주 만날 수 있어요. 액체인 물에 기체인 이산화 탄소가 녹아 탄산음료를 만드는 과정도 용해이며, 바닷물에 소금이 녹아 있는 현상도 용해라고 해요. 용매는 물과 같이 녹이는 물질을 말해요. 용질은 소금과 같이 녹아 들어가는 물질을 뜻합니다. 소금물과 같이 용매와 용질이 섞여 있는 물질을 용액이라 부릅니다.

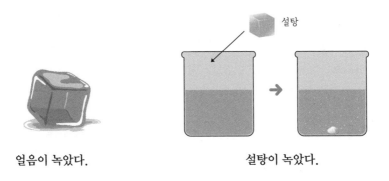

얼음이 녹았다.　　　　　　　　　**설탕이 녹았다.**

물에 여러 가지 물질을 각각 얼마나 녹일 수 있을까요? 그림과 같이 컵에 20℃인 물 100g을 담고 이 물에 소금과 설탕을 녹일 때 최대로 녹일 수 있는 소금과 설탕의 양은 다음 그림과 같아요.

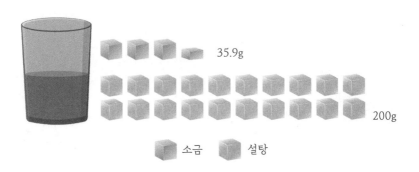

같은 양의 물에 최대로 녹을 수 있는 양은 설탕이 소금에 비해 훨씬 커요. 이와 같이 물과 같은 용매 100g에 최대로 녹을 수 있는 용질의 양(g)은 물질마다 다른데, 이와 같은 물질의 특성을 용해도라고 불러요. 용해도는 물질의 고유한 특성이에요.

같은 물질이라도 어떤 용매에 녹느냐에 따라 용해도가 달라져요. 소금은 물에서는 잘 녹지만, 기름에서는 잘 녹지 않아요. 또한, 용해도는 온도에 따라서도 달라져요. 코코아는 찬물보다 따뜻한 물에서 더 잘 녹지요. 일반적으로 고체의 용해도는 온도가 높을수록 커지는 특성이 있어요. 그러나 기체의 용해도는 온도가 낮을수록 커지는 경향이 있지요. 이산화 탄소 기체는 따뜻한 물보다 찬물에 더 잘 녹아요. 따라서 탄산음료는 냉장고에 넣어 차게 보관하는 것이 맛이 좋지요. 같은 원리로 여름에 수온이 높을수록 강물에서 산소 기체의 용해도가 낮아지기 때문에 물속에 녹아 있는 산소의 양이 줄어들어 물고기가 호흡하기 힘들어져요.

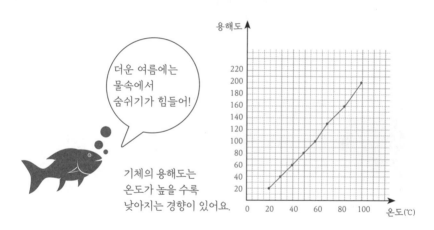

더운 여름에는 물속에서 숨쉬기가 힘들어!

기체의 용해도는 온도가 높을 수록 낮아지는 경향이 있어요.

온도에 따른 질산칼륨의 용해도

그렇다면 대부분의 고체 용해도가 온도가 높아짐에 따라 증가하는 이유는 무엇일까요. 대부분의 고체 물질이 물에 녹아 액체 분자에 섞이게 될 때 열 에너지가 필요해요. 따라서 온도가 높을수록 고체 물질이 물에 녹아 섞일 때 필요한 열 에너지 공급을 받기 쉽기 때문에 용해가 더 잘 일어날 수 있게 되므로 용해도가 증가하게 돼요.

일반적으로 고체의 용해도는 압력에 큰 영향을 받지 않지만, 기체의 용해도는 압력이 높을수록 증가하는 경향이 있어요. 물에 이산화 탄소 기체를 녹일 때 강한 압력을 주면 기체의 용해도가 커져서 이산화 탄소 기체가 물에 잘 녹아요. 따라서 탄산음료의 뚜껑을 열면 탄산음료 캔 내부의 압력이 낮아지게 되어 탄산음료 속에 녹아 있던 기체의 용해도가 감소하므로 기체가 액체 내부에서 공기 중으로 나오면서 기포가 생기는 것을 확인할 수 있어요.

탄산음료에 녹아 있던 기체가 공기 중으로 빠져나오게 돼요.

우리가 아플 때 먹는 고체 상태의 알약은 용해도의 특성을 이용한 사례에 해당해요. 약을 만들 때 불순물이 섞이게 되면 약의 효능이 떨어지고 먹는 사람에게 위험할 수도 있어요. 따라서 불순물을 제거하고 순도 높은 약을 만들어야 해요. 이때 용해도의 마법을 사용할 수 있어요. 예를 들어 아스피린이란 약을 만들 때, 아스피린이 녹아 있는 용액의 온도를 낮추거나 용매를 증발시켜 용매에 녹아 있는 아스피린의 양이 용해도 이상이 되도록 만들어줘요. 그렇게 되면 용해도 이상의 아스피린은 더 이상 용매에 녹지 못하고 용매 바깥으로 빠져나오게 되는데, 이때 아스피린이 모여 하나의 덩어리를 만들게 돼요. 이 덩어리를 아스피린 결정이라고 불러요. 이 결정은 우리가 원하는 성분만 모여 만들어진 것으로 불순물이 섞여 있지 않은 순도 100% 의 아스피린이에요. 이와 같은 방법을 통해 불순물이 섞여 있는 물질에서 순수한 물질을 분리해낼 수 있어요.

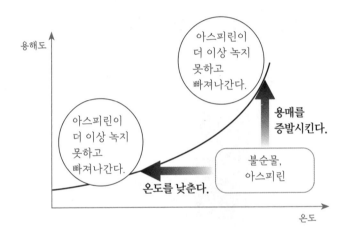

일정한 온도에서 용매에 용질이 용해도 이상으로 녹을 수도 있는데 이와 같은 용액을 과포화용액이라고 해요. 포화 용액을 천천히 냉각할 경우 과포화용액을 만들 수 있어요. 아세트산 나트륨은 20℃에서 물 100g에 최대로 46.2g이 녹을 수 있지만, 50℃의 따뜻한 물에서는 더 많은 양의 아세트산 나트륨이 녹을 수 있어요. 아세트산 나트륨이 과량으로 녹아 있는 용액을 천천히 냉각시키면 20℃에서 46.2g보다 더 많은 양의 아세트산 나트륨이 녹아 있는 과포화용액이 형성돼요. 이 과포화용액은 매우 불안정한 상태이기 때문에 작은 충격만 주어도 과량으로 녹아 있던 아세트산 나트륨이 용액에서 고체 결정으로 석출돼요. 이때 다량의 열이 발생하는데 이 열 에너지를 이용한 것이 똑딱이 손난로예요. 똑딱이 손난로는 과포화 상태의 아세트산 나트륨 용액과 금속판이 들어 있어요. 금속판을 구부려 작은 충격을 주면 과포화 상태의 아세트산 나트륨 용액에서 고체 아세트산 나트륨이 석출되며 열이 발생해요.

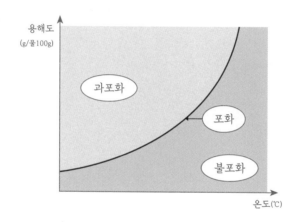

지구의 생물은 물질의 용해도 특성을 매우 잘 활용하고 있어요. 광합성으로 만든 포도당은 물에 굉장히 잘 녹아요. 따라서 식물은 포도당을 물에 녹여 체관을 통해 식물 세포 곳곳으로 영양분을 운반할 수 있어요. 사람은 음식을 소화하고 남은 노폐물을 물에 잘 녹는 요소로 만든 후 오줌의 형태로 몸 밖으로 배설해요.

이것만은 알아 두세요

1. 용해도: 일정한 온도에서 용매 100g에 녹는 용질의 g 수. 물질에 따라 용해도가 다르며 용해도는 물질의 특성이다.

2. 용해도에 영향을 미치는 요인: 일반적으로 고체의 용해도는 용매의 온도가 높을수록 커지며, 기체의 용해도는 용매의 온도가 낮을수록, 압력이 높을수록 커진다.

풀어 볼까? 문제!

1. 그림은 일정량의 물에 각설탕을 넣고 충분한 시간이 지난 후 녹지 않은 설탕이 바닥에 가라앉아 있는 모습이다. 바닥에 가라앉은 설탕을 모두 녹이기 위한 두 가지 방법을 제안해 보시오.(단, 젓는 방법은 제외함)

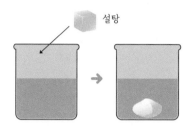

2. 그림은 시험관에 같은 양의 탄산음료를 넣고 온도가 다른 물에 담근 모습이다.

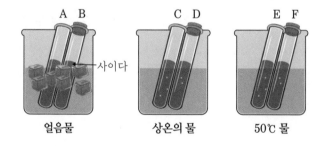

6개의 시험관 중 이산화 탄소 기포의 발생량이 가장 많은 시험관은 무엇인가? 그렇게 생각한 이유를 쓰시오.

정답

1. 물을 더 넣는다. 온도를 높인다.
2. E. 온도가 가장 높고, F에 비해 압력이 낮기 때문이다.

5. 혼합물의 분리

여러분이 입고 있는 티셔츠는 쓰레기에서 만들어졌을 수도 있어요. 신고 있는 신발은 물론 종이도 쓰레기에서 만들 수 있지요. 현재 입고 있는 옷을 들춰서 라벨을 한번 확인해보세요. 폴리에스테르(PET)라고 쓰여 있는 옷이라면 생수통으로 쓰이는 페트병에서 뽑아낸 섬유로 만들었을 수도 있답니다.

왼쪽 사진은 재활용 쓰레기를 분리수거하고 있는 모습이에요. 쓰레기 안에는 페트병과 같은 플라스틱 외에도 캔, 종이 등이 마구 뒤섞여 있어요. 그 안에서 페트병을 어떻게 분리할 수 있을까요?

재활용 쓰레기 처리장에서는 먼저 사람의 손으로 종이, 플라스틱, 캔을 분리해요. 이 과정은 매우 힘들기 때문에 우리가 가정이나 학교에서 종이와 플라스틱, 캔을 정확히 분리해서 버리는 것이 많은 도움이 돼요. 분리된 플라스틱 안에는 페트병과 같은 폴리에틸렌(PET), 스타이로폼과 같은 폴리스타이렌(PS), 페트병 뚜껑이나 치약 뚜껑에 사용되는 폴리프로필렌(PP) 등이 마구 섞여 있어요. 이와 같은 플라스틱을 사람이 눈으로 보고 손으로 일일이 분리해내기는 매우 어려워요. 따라서 다음과 같은 방법을 사용한답니다.

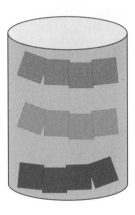

폴리스타이렌(PS)

폴리프로필렌(PP)

폴리에틸렌(PET)

큰 통에 여러 종류의 플라스틱을 넣고 폴리에틸렌(PET)보다는 밀도가 작지만, 폴리스타이렌(PS)보다는 밀도가 큰 액체를 서서히 부으면, 밀도차에 의해 밀도가 가장 큰 폴리에틸렌은 큰 통의 바닥에 위치하고, 밀도가 가장 작은 폴리스타이렌은 통의 위쪽에 위치하게 돼요. 따라서 세 종류의 플라스틱을 분리해낼 수 있답니다. 분리한 플라스틱 중 폴리에틸렌만 모아 다시 녹여 길게 뽑아내 플라스틱 실을 만들어요. 이 실로 옷을 짜서 플라스틱 섬유를 만들고 옷을 만들 수 있어요. 버려질 수도 있었던 플라스틱을 가지고 옷을 만들 수 있다니 굉장히 신기한 일이지요?

자, 이제 플라스틱은 분리했고, 캔을 분리해볼까요.

캔은 크게 알루미늄 캔과 철 캔으로 나눌 수 있어요. 우리가 음료수를 마시고 손으로 꽉 쥐었을 때 찌그러지는 것은 알루미늄 캔, 손으로 찌그러뜨리기 힘든 것이 철 캔이에요. 그러나 매번 사람이 손으로 찌그러뜨려 확인하기엔 어렵답니다. 따라서 다음과 같은 방법을 써요.

철은 자석에 붙고 알루미늄은 자석에 붙지 않는 성질을 통해 캔을 분리할 수 있어요. 이렇게 분리된 철 캔과 알루미늄 캔은 다시 녹여 새로운 금속 제품을 만드는 데 사용되거나 음료수 캔으로 재사용돼요.

철 캔과 알루미늄 캔이 마구 섞여 있는 것처럼, 두 종류의 서로 다른 화합물이 섞여 있는 물질을 혼합물이라고 해요. 때에 따라서 혼합물 속에서 원하는 물질만을 분리해내야 할 때가 있어요. 산소와 질소, 이산화 탄소 기체가 마구 섞여 있는 공기에서 산소 기체만 분리해낸다거나, 모래와 진흙, 물이 섞여 있는 흙탕물에서 깨끗한 물을 분리하여 마실 수 있는 물로 만드는 경우 등이 해당해요. 그렇다면 다양한 혼합물을 분리하는 과학적 원리에 대해 살펴볼까요.

첫 번째로 다양한 밀도를 가진 플라스틱을 분리할 때와 같이 밀도차를 이용하여 혼합물을 분리할 수 있어요. 물과 식용유와 같이 밀도가 다른 두 액체는 분별깔대기나 시험관에 넣고 충분한 시간이 지나면 밀도가 큰 액체가 아래층에 위치하고, 밀도가 작은 액체는 위층에 위치하기 때문에 두 액체를 분리할 수 있어요. 볍씨와 쭉정이 같이 밀도가 다른 고체 혼합물의 경우에는 두 고체 물질의 중간 밀도에 해당하는 액체를 부어주면 액체보다 밀도가 큰 고체는 가라앉고, 액체보다 밀도가 작은 고체는 위로 뜨게 되어 두 고체를 분리할 수 있어요.

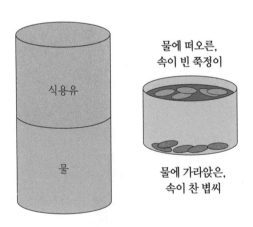

두 번째로 철 캔과 알루미늄 캔의 분리와 같이 자기적 성질을 이용하는 방법이에요. 화단의 흙 속에서 철가루를 찾을 때, 흙 속에 자석을 넣고 움직이

면 철이 자석에 붙는 성질을 이용하여 철가루를 분리해 낼 수 있어요.

세 번째로 끓는점을 이용하여 분리하는 방법이에요. 병원에서 환자를 치료할 때 사용하는 고압산소는 균일 혼합물인 공기에서 분리해요. 질소 (-196℃), 산소(-183℃), 아르곤(-186℃) 등이 섞여 있는 공기의 온도를 서서히 낮추면, 끓는점이 높은 순서대로 먼저 액체가 되므로 분리할 수 있어요. 끓는점을 이용한 혼합물의 분리는 여러 가지 물질이 섞인 석유에서 천연가스를 추출할 때도 이용할 수 있어요. 석유는 메테인, 에테인, 프로페인 등 여러 가지 물질이 섞여 있어요. 액체 상태의 석유를 가열하기 시작하면, 끓는점이 낮은 물질부터 먼저 기체가 되어 분리할 수 있어요. 또한 흙이 섞여 있는 흙탕물을 가열하면 끓는점이 100℃인 물이 먼저 끓어 나오는데, 이 물을 다시 냉각시키면 더러운 흙탕물에서 깨끗한 물만 분리해 낼 수 있어요.

물만 끓어 나온다.

흙 + 물

흙탕물에서 물만 분리한다

네 번째로 크기의 차이를 이용하여 분리할 수 있어요. 만약 밀가루에 작은 돌이 섞인 경우나 쌀에 콩이 섞인 경우엔 입자 크기의 차이를 이용하여 분리할 수 있어요. 밀가루와 돌의 혼합물을 고운체에 거르면 입자가 작은 밀가루는 체의 구멍을 통과하고 입자가 굵은 돌은 체를 통과하기 어려우므로 두 물질을 분리해 낼 수 있어요. 쌀과 콩의 경우에도 쌀만 통과할 수 있는 체를 사용하여 두 물질을 분리해 낼 수 있어요. 또한 모래와 물이 섞인 흙탕물을 거름종이에 걸러 모래와 물을 분리할 때, 거름종이에는 눈에 보이진 않지만 물분자보다는 크고 모래 분자보다는 작은 구멍들이 무수히 나 있어요. 이 구멍을 통해 물 분자는 빠져나갈 수 있지만, 모래 분자는 빠져나갈 수 없기 때문에 모래를 분리할 수 있어요. 가정에서 사용하는 정수기 안에는 구멍의 크기가 매우 작은 필터가 장착되어 있어서 물속에 있는 물보다 크기가 큰 입자들을 걸러주는 역할을 해요.

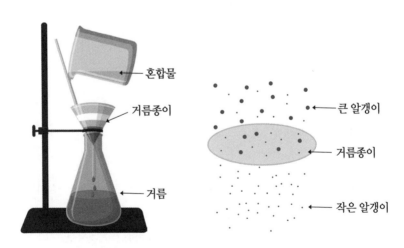

혼합물

거름종이

거름

큰 알갱이

거름종이

작은 알갱이

크기가 다른 고체물질을 체로 걸러 분리한다

다섯 번째로 용해도의 차이를 이용하여 혼합물을 분리할 수 있어요. 녹찻잎에는 물에 잘 녹는 카페인, 비타민 C 외에도 물에 녹지 않는 식이섬유, 비타민 E와 같이 여러 가지 성분이 들어 있어요. 녹차에 물을 부으면 여러 가지 성분 중 물에 녹는 성분만 녹아 나오므로 물질을 분리해 낼 수 있어요. 또는 콩을 이용한 식용유를 만들 때 헥세인과 같은 화학물질을 사용하여 콩 속의 기름 성분만 녹여내어 식용유를 만들기도 해요. 세탁소에서 드라이클리닝 작업에 사용하는 화학물질은 옷감에 붙은 기름 성분의 때는 녹이고, 섬유는 녹이지 않기 때문에 옷감에서 때를 분리해 낼 수 있어요.

녹차의 여러 성분 중 물에 녹는 성분만 분리한다

이것만은 알아 두세요

혼합물의 분리방법

1. 밀도차를 이용한 분리: 플라스틱의 분리, 물과 식용유의 분리, 볍씨와 쭉정이 분리.

2. 자기적 성질을 이용한 분리: 알루미늄 캔과 철 캔의 분리. 흙 속에서 철가루 분리.

3. 끓는점의 차이를 이용한 분리: 공기에서 산소 기체 분리, 석유에서 부탄가스 분리.

4. 크기의 차이를 이용한 분리: 거름장치를 이용한 흙탕물의 분리.

풀어 볼까? 문제!

1. 다음은 '소금, 모래, 철가루'가 섞인 혼합물 분리하는 과정을 순서대로 나타낸 것이다. (가) ~ (다)에 알맞은 물질을 쓰시오.

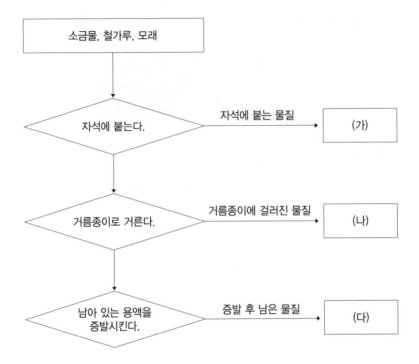

2. 다음은 바닷물은 먹을 수 있는 담수로 만드는 두 가지 방법에 관한 설명이다.

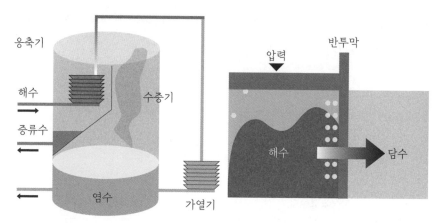

(가) 다단증발법: 바닷물을 끓여 생긴 수증기를 냉각시켜 담수를 만든다.

(나) 역삼투압법: 바닷물과 담수 사이에 물은 통과할 수 있지만 소금은 통과하기 어려운 반투막을 설치한 후 바닷물에 큰 압력을 가해 담수를 만든다.

혼합물은 물질의 다양한 성질의 차이를 가지고 분리할 수 있다. (가)와 (나) 방법에서 혼합물의 분리에 사용된 물질의 성질 차이는 무엇인지 쓰시오. 단, 바닷물은 물과 소금으로만 구성되어 있다고 가정한다.

정답

1. (가) 철가루, (나) 모래, (다) 소금
2. (가): 물과 소금의 끓는점의 차이.
   (나): 물 분자와 소금(나트륨이온과 염화이온)의 크기 차이.

6. 크로마토그래피

얼마 전 동네 어귀에서 매우 오래된 것으로 보이는 집터가 발견되었어요. 고고학자인 김고고 씨는 당장 집터로 달려갔답니다.

사람 두 명이 겨우 누울 수 있을 만한 작은 공간 안에는 여러 유물이 놓여 있었어요. 흙으로 빚은 것으로 추정되는 깨진 항아리와 길쭉한 막대기, 거의 부스러질 것만 같은 종이가 여러 장 있었지요.

"아니 이런!"

항아리 안을 본 김고고 씨가 깜짝 놀랐어요. 항아리 바닥에 하얀 색의 덩어리가 붙어 있었던 것이지요. 얼마의 시간이 지난 후 김고고 씨는 집터의 역사에 대해 발표했어요.

"그 집터는 무려 300년 전에 사람이 살던 곳입니다. 그곳에 살던 사람은 치즈를 먹었고, 담배를 피웠어요. 또한 먹물로 쓴 책을 가지고 있었습니다.

그 당시 사람들은 토기 위에 먼 나라에서 수입한 붉은색의 염료를 칠했어요. 따라서 이 시기는 먼 나라와의 교역이 이루어졌다고 추측할 수 있습니다."

김고고 씨는 이 모든 것을 어떻게 알아낸 것일까요? 김고고 씨는 물건을 보면 물건에 관련된 과거를 보는 초능력을 가진 것일까요? 그건 아니랍니다. 김고고 씨는 고고학자이지만 '크로마토그래피'라는 분석 방법을 알고 있는 화학자이기도 했어요.

과연 김고고 씨는 어떤 방법으로 예전에 이곳에 살던 사람이 담배를 피우고 치즈를 먹었다는 것을 알았을까요? 김고고 씨는 항아리 속에 있던 흰색 물질을 조금 채취해 특별한 액체에 녹였어요. 그 다음 흰색 물질이 녹은 용액을 크로마토그래피 방법을 통해 성분 물질로 나누었어요. 길쭉한 막대기에 묻어 있는 물질도, 종이 위에 묻어 있던 검은색 잉크도 크로마토그래피를 통해 분석하면 성분 물질이 무엇인지 알 수 있답니다.

다음은 우리가 사용하는 사인펜에 들어 있는 여러 가지 색소를 분리하는 크로마토그래피 방법이에요.

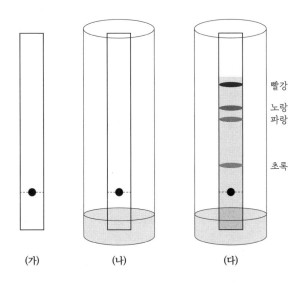

빨강
노랑
파랑

초록

(가)　　　　(나)　　　　(다)

(가) 크로마토그래피 종이 아랫부분에 검은색 사인펜으로 큰 점을 그린다.
(나) 검은색 점을 그린 크로마토그래피 종이를 물이 담겨 있는 컵에 넣고 뚜껑을 닫는다. 이때
검은색 점이 물에 닿지 않도록 주의한다.
(다) 종이를 따라 물이 위로 올라가면서, 사인펜 속의 여러 가지 색소가 분리된다. 색소가
분리되는 동안 물이 증발되지 않도록 뚜껑을 잘 닫아둔다.

　크로마토그래피는 여러 가지 색의 잉크가 섞인 것과 같은 혼합물을 분석
하는 실험 방법이에요. 위의 실험처럼 분석하고자 하는 물질(검은색 사인펜)을
종이에 묻혀요. 그 후 분석하고자 하는 물질이 섞일 수 있는 용액에 종이를
담가요. 물이 종이를 따라 올라가면서, 섞여 있던 여러 가지 색의 잉크가 물
을 따라 종이를 타고 올라가요. 이때, 잉크의 색깔, 즉 혼합물을 구성하는 물
질의 종류에 따라 종이에 붙는 정도가 달라요. 따라서 일정한 시간이 흐르
면, 종이 위에 다양한 색의 잉크가 분리되어 붙어 있는 것을 볼 수 있어요.
크로마토그래피는 이동상(물과 같이 이동하는 물질)과 고정상(종이와 같은 바탕 물

질), 분석물질 간의 잡아당기는 힘을 이용한 분석 방법이에요. 잉크의 분리에서 빨간색 잉크와 녹색 잉크가 종이와 잡아당기는 힘은 서로 달라요. 종이와 잡아당기는 힘이 더 큰 녹색 잉크는 종이에 잡혀서 물을 타고 위로 빨리 올라가지 못해 아래쪽에 위치하고, 종이와 잡아당기는 힘이 더 작은 빨간색 잉크는 물을 타고 종이 위쪽으로 빠르게 올라가기 때문에 두 잉크를 분리해 낼 수 있답니다.

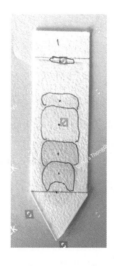

엽록소의 크로마토그래피 결과

사진은 식물의 잎에 있는 엽록소를 크로마토그래피를 통해 분리한 것이에요. 우리 눈에 녹색으로 보이는 엽록소도 사실 크로마토그래피를 통해 분리하면 노란색과 연두색, 녹색의 물질이 섞여 있는 혼합물임을 확인할 수 있답니다.

크로마토그래피는 매우 적은 양의 물질도 분리해낼 수 있기 때문에 굉장히 유용한 혼합물의 분리 방법이에요. 또한 성분이 매우 비슷한 물질이 섞여 있어도 분리할 수 있어요. 물과 식용유처럼 섞이지 않는 액체 혼합물은 밀도 차로 분리할 수 있지만, 빨간색 잉크와 녹색 잉크처럼 섞이는 물질은 밀도차로 분리하기 어려워요. 하지만 크로마토그래피를 사용하면 섞여 있는 두 물질을 손쉽게 분리할 수 있어요. 또한 크로마토그래피는 많은 물질이 섞여 있어도 한 번의 실험을 통해 분리해낼 수 있어요. 5개의 잉크가 섞여 있어도 크로마토그래피를 통해 5개의 잉크를 한 번에 분리해 낼 수 있지요.

올림픽이나 국제대회 경기가 있기 전 선수들을 대상으로 도핑테스트가 진행돼요. 사실 도핑테스트는 크로마토그래피를 이용한 것이에요. 좋은 기록을 내야 하는 운동선수들 중 몇몇은 근육의 힘을 강하게 해 주는 약물을 복용하는 잘못을 저지르기도 해요. 그러나 운동선수가 약물을 먹으면 약물의 성분 중 매우 적은 양이 오줌에 녹아 있게 돼요. 경기가 진행되기 전, 선수들의 오줌을 크로마토그래피로 분석하면, 오줌 속에 있는 약물을 검출해 낼 수 있어요. 이를 도핑테스트라고 합니다.

도핑테스트

또한 크로마토그래피는 다양한 과학수사에도 사용될 수 있어요. 다음 사건 일지를 살펴보세요.

○○시 ◇◇동 3층 건물에서 원인을 알 수 없는 화재가 발생했다. 화재 원인을 밝히기 위해 화재 감식반이 도착했다.

화재가 나기 전 전기공사로 인해 건물의 모든 전력이 차단된 상태였다. 따라서 TV나 컴퓨터의 과열로 인한 화재는 아니었다.

감식관은 타고 남은 재에 주목했다. 재를 조금 담아가 크로마토그래피를 통해 재의 성분을 분석했다.

재에서는 석유 성분이 검출되었다. 화재는 석유를 뿌리고 불을 지른 방화범에 의한 것임을 밝혀냈다.

- XX사건일지

너무 신기하지요? 타고 남은 재 안에는 석유의 성분이 매우 조금 남아 있을 거예요. 그러나 크로마토그래피를 사용하면 매우 적은 양의 시료의 물질을 분석할 수 있답니다.

그 외에도 크로마토그래피는 그림이 그려진 연대나 모조품을 밝혀내는 데 사용되기도 해요. 두 개의 똑같은 그림이 있어요. 하나는 진짜 그림이고 또 하나는 모조품이에요. 만약 진짜 그림이라면 수억 원대의 가치가 있는 굉장히 유명한 화가의 그림입니다. 이때 그림에 사용된 물감을 조금 묻혀 크로마토그래피를 통해 분석하면 두 그림의 물감 성분을 분석할 수 있어요. 그 중 유명한 화가가 다른 그림에 사용했던 물감 성분과 동일한 물감을 찾는 방법을 통해 진짜와 모조품을 구별할 수 있답니다.

크로마토그래피를 이용한 모조품 구별

앞에서 김고고 씨는 항아리 속의 흰 물질을 분석하여 그 물질이 오래된 치즈인 것을 알아냈어요. 또한 긴 막대 끝에 묻어 있는 물질을 크로마토그래피로 분석하였더니 담배 속에 들어 있는 니코틴과 같은 물질이 검출 되었어요. 또한 오래된 종이에 쓰여 있던 잉크를 크로마토그래피를 통해 분석하여 먹물이라는 점도 충분히 알아낼 수 있었을 거예요. 마지막으로 토기 겉부분에 묻어 있는 안료도 크로마토그래피를 통해 붉은색 염료가 포함되어 있음을 알아낸 것입니다.

이와 같이 크로마토그래피는 혼합물의 분리를 넘어서 오래된 문화재의 기원을 밝히거나 과학수사와 같이 사건의 원인을 밝히는 데에도 굉장히 유용하게 사용돼요. 또한 제약회사에서 만든 약물에 불순물이 첨가되었는지를 분석할 때나 식물의 색소 분석, 식품에 들어 있는 성분 물질을 분석하는 등 다양한 실험에도 유용하게 사용됩니다.

1. 크로마토그래피: 혼합물의 분리 방법 중 하나. 물질 간의 인력 차이를 이용하여 분리할 수 있다.

2. 크로마토그래피의 특징: 매우 적은 양의 물질이라도 분리해 낼 수 있다. 성분이 비슷한 물질이 섞여 있어도 분리할 수 있다. 많은 종류의 물질이 섞여 있어도 한 번에 분리할 수 있다.

3. 크로마토그래피의 이용: 색소의 분리, 도핑테스트, 과학수사, 문화재 분석, 식품의 성분 분석 등에 사용된다.

풀어 볼까? 문제!

1. 다음 상황에 적절한 혼합물의 분리 방법을 짝지으시오.

(1)

바닷가에 기름이
유출되었다. •

• 크로마토그래피

(2)

장미 꽃잎에 들어
있는 색소를 분리한다. •

• 밀도차를 이용한 분리

(3)

흙탕물에서 물을 분리한다. •

• 거름장치

2. 그림은 5가지 종류의 잉크를 크로마토그래피를 통해 분리한 결과지이다.
   혼합잉크는 다음 A ~ D 중 어떤 잉크를 섞은 것인지 찾으시오.

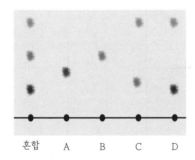

혼합   A   B   C   D

정답

1. (1) 밀도차를 이용한 분리, (2) 크로마토그래피, (3) 거름장치
2. 혼합잉크 안에는 잉크 B, D 가 들어 있다.

수소님이 입장하셨습니다.

안녕하세요? 광고를 보고 연락드렸어요. 제 성격이 마음에 안 들어서요. 다른 성격을 좀 가지고 싶어요.
수소

규칙맨 안녕하세요. 뭐 원하시는 성격이라도?

물과 같이 자유롭게 어느 곳이든 흘러갈 수 있는 성격을 가지고 싶어요.
수소

규칙맨 물이라… 그건 당신 혼자선 안 돼요. 뭐가 필요해요.

말씀만 하세요.
수소

규칙맨 사실, 산소가 필요해요.

산소라면 걱정 마세요.
제가 산소 친구 한 명이 있어요!
수소

규칙맨 이런… 산소 친구 한 명으론
부족해요. 두 명이 있어야 해요.

두 명씩이나요? 흠… 연락 안 한 지 꽤 오래된
산소 친구가 있는데 연락해보죠. 뭐.
수소

규칙맨 그리고 여기 동의서에 사인을 해주셔야 해요.
물이 되면… 지금 몸무게보다 9배는 더 무거워집니다.

끄악! 그건 싫은데. 조금 더 생각해볼게요.
수소

규칙맨 네. 마음 결정되시면 연락 주세요. 언제든 원하는 물질로
규칙대로 만들어드리는 규칙맨이었습니다.

+ Send

1. 물리 변화 vs 화학 변화

"엄마! 오늘 간식은 뭐예요?"

"오늘 간식은 사과파운드케이크란다. 엄마와 함께 만들어볼 거야. 일단 사과를 꺼내 껍질을 깎고 작게 잘라주렴."

"네, 사과를 다 잘랐어요. 그 다음에는요?"

"밀가루에 소금과 설탕, 달걀, 버터를 넣고 잘 섞어주렴. 물론 베이킹소다도 꼭 넣어야 한단다."

"베이킹소다를 찍어 먹어보니 쓴맛이 나는걸요? 이걸 왜 넣는 거죠?"

"그건 베이킹소다가 따뜻해지면 이산화 탄소 기체를 만들기 때문이야. 그 기체는 밀가루 반죽을 부풀어 오르게 해. 밀가루 반죽이 다 되었으면 반죽에 아까 자른 사과를 넣어 섞어주렴."

"네. 잘 섞었어요."

"그럼 이제 반죽을 잘라 빵틀에 넣고 모양을 만들자. 어떤 모양이 좋을까?"

"저는 동그란 모양으로 만들래요. 엄마는요?"

"그럼 엄마는 네모난 모양으로 만들어야겠다. 네모 모양의 빵틀에 반죽을 넣으면 반죽 모양이 네모나게 변하지. 자, 이제 모양을 만든 반죽을 오븐에 넣고 10분 동안 기다리면 돼."

"엄마, 향긋한 냄새가 나요."

"그럼 이제 파운드케이크를 꺼내자."

"엄마, 파운드케이크가 아까 반죽보다 훨씬 부풀어 올랐어요. 색깔도 갈색으로 변했어요. 그리고 굉장히 맛있어요."

반죽을 자르는 건 물리 변화, 반죽이 빵이 되는 건 화학 변화

사실 사과파운드케이크를 만드는 과정 안에는 물질들의 수많은 물리 변화와 화학 변화가 숨어 있답니다. 물질은 맛, 냄새, 녹는점 등 물질 고유의 성질을 가져요. 반죽에 사용된 설탕은 단맛이 나고 물에 잘 녹는 성질을 가지고 있어요. 이건 설탕의 양과는 상관없이 설탕이 가지는 고유의 성질이에요.

물질의 성질이 변하지 않으면서 물체의 모양이나 상태가 변하는 현상을 물리 변화라고 합니다. 파운드케이크를 만드는 과정에서 사과를 잘라 작은 크기로 자르는 과정이나 반죽 덩어리를 잘라 빵틀에 넣고 다양한 모양으로 만드는 것은 물리 변화에 해당해요.

물리 변화와는 다르게 물질의 성질이 변하는 반응은 화학 변화라고 해요. 파운드케이크를 만드는 과정 중 어떤 단계가 화학 변화에 해당할까요? 밀가루 반죽이 오븐 속에서 파운드케이크로 변하는 과정은 밀가루 반죽의 성질을 잃어버리고 파운드케이크가 갖는 맛이나 냄새 등 새로운 성질을 얻었으므로 화학 변화에 해당해요. 그리고 베이킹소다가 따뜻해지면 이산화 탄소 기체로 변하는 반응도 새로운 물질로 바뀌었으므로 화학 변화에 해당합니다. 우리 주변에는 매우 다양한 화학 변화가 일어납니다. 철수와 엄마의 대화를 더 들어볼까요.

"철수야, 파운드케이크를 다 만들었으니까 이제 주방을 치우자."

"네. 엄마. 그런데 아까 쓰고 남은 잘라놓은 사과가 갈색으로 변했어요."

"사과를 공기 중에 오래 두어서 그렇단다. 갈변이라는 현상이야. 파운드케이크만 먹기엔 목이 멜 수 있으니 냉장고에서 음료수도 꺼내 먹으렴."

"엄마, 콜라를 먹을래요. 콜라 뚜껑을 열었더니 이산화 탄소 기체가 올라왔어요."

"콜라보단 녹차가 건강에 좋을 것 같구나. 엄마가 물을 끓여 차를 만들어줄게."

주변에서 깎아놓은 사과가 갈색으로 변하는 것을 본 적이 있지요? 이것은 사과 속의 폴리페놀이란 물질이 공기 중의 산소를 만나 갈색을 띠는 새로운 물질로 변했기 때문이에요. 갈변은 화학 변화의 한 종류입니다. 녹찻잎을 공기 중의 산소와 오래 접촉시켜 갈색을 띠는 홍차를 만드는 과정도 사과의 갈변과 동일한 화학 변화예요.

계란을 삶는다.	옥수수가 팝콘이 되었다.	나무가 연소한다.
우유로 치즈를 만들었다.	못에 녹이 생겼다.	나뭇잎에 단풍이 들었다.

여러 가지 화학 변화

그렇다면 철수가 콜라 뚜껑을 열었을 때 이산화 탄소 기체가 마구 발생했는데 이것은 어떤 변화에 해당할까요? 콜라 용액 속에 녹아 있던 이산화 탄소 기체가 공기 중으로 나오는 현상은 물리 변화에 해당해요. 콜라 뚜껑을 따는 순간 기체의 용해도가 감소하여 기체가 더 이상 물속에 녹아 있지 못하고 물 밖으로 나오는 현상입니다. 이때 이산화 탄소 기체 분자가 물속에 녹아 있을 때와 물 밖으로 나왔을 때 이산화 탄소 기체의 성질은 변하지 않기 때문에 이는 물리 변화에 해당해요. 물리 변화는 물질을 이루는 분자의 종류가 변하지 않아요. 설탕을 물에 녹여 설탕물을 만드는 것도 설탕이 고체로 있을 때와 물속에 녹아 있을 때 설탕 분자의 종류가 동일하므로 물리 변화입니다.

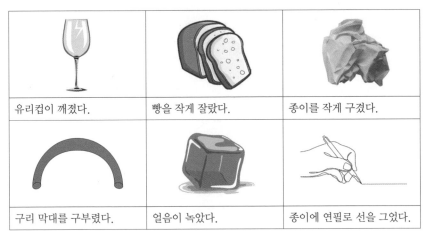

| 유리컵이 깨졌다. | 빵을 작게 잘랐다. | 종이를 작게 구겼다. |
| 구리 막대를 구부렸다. | 얼음이 녹았다. | 종이에 연필로 선을 그었다. |

여러 가지 물리 변화

물을 끓여 차를 만드는 과정을 살펴볼까요? 물을 끓이면 눈에 보이지 않는 수증기로 변하는데 이렇게 물질이 액체에서 기체로, 또는 액체에서 고체로 상태가 변하는 반응은 물리 변화의 한 종류예요. 물이 끓어 수증기가 되면 물을 이루는 물 분자의 간격이 멀어지며 자유롭게 공기 중으로 흩어질 수 있게 되는데 이때 물 분자는 다른 분자나 원자로 변하지 않기 때문에 물이라는 화학적 성질은 변하지 않아요. 또한 뜨거운 물에 녹찻잎을 넣었을 때 녹찻잎의 성분이 물속으로 녹아나와 물의 색깔이 변하는데 이때도 물 분자와 녹차 성분을 이루는 분자의 변화가 없으므로 물리 변화에 해당해요.

화학 변화는 물질을 구성하는 분자나 원자의 종류가 변하는 반응을 의미해요. 빵을 구울 때 오븐에서는 천연가스가 연소하며 빛과 열을 내는데 이때 천연가스를 구성하는 분자가 공기 중의 산소를 만나 물과 이산화 탄소로 변하는 반응이 일어나요. 오래된 자전거가 공기 중의 산소를 만나 녹스는 것도 철 원자가 산화 철이란 화합물로 종류가 바뀌는 화학 변화에 해당합니다.

이것만은 알아 두세요

1. 물리 변화: 물질을 구성하는 분자나 원자의 종류가 변하지 않는다. 물질의 성질이 변하지 않는다. 물질의 모양 변화, 상태변화, 설탕의 용해 등.
2. 화학 변화: 물질을 구성하는 분자나 원자의 종류가 변한다. 물질의 성질이 변한다. 물질의 연소, 사과의 갈변, 자전거가 녹스는 현상 등.

풀어 볼까? 문제!

1. 양초가 타는 현상을 자세히 관찰하면 고체 양초가 녹아 촛농이  되고, 촛농이 심지를 타고 올라가 빛과 열을 내며 타는 것을 알 수 있다. 이 과정에서 물리 변화와 화학 변화를 하나씩 찾아 쓰시오.

2. 다음은 가연이의 주방을 나타낸 것이다. 다음 중 물리 변화에 해당하는 현상을 찾아 쓰시오.

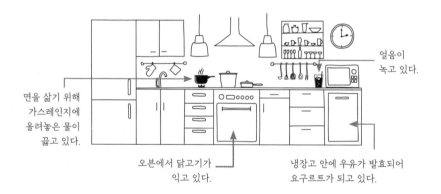

얼음이 녹고 있다.

면을 삶기 위해 가스레인지에 올려놓은 물이 끓고 있다.

오븐에서 닭고기가 익고 있다.

냉장고 안에 우유가 발효되어 요구르트가 되고 있다.

정답

1. 고체 양초가 녹아 액체 촛농이 되는 현상은 물리 변화에 해당한다. 촛농이 빛과 열을 내며 연소하면 물과 이산화 탄소가 생성된다. 연소 후 새로운 성질을 가지는 물질로 변하였으므로 화학 변화에 해당한다.
2. 물이 끓고 있는 현상과 얼음이 녹고 있는 현상은 상태변화에 해당하므로 물리 변화이다. 우유가 발효되어 요구르트라는 다른 물질로 변하는 것이나, 닭고기가 익어 맛과 색이 변하는 현상은 물질의 성질이 변하는 화학 반응에 해당한다.

2. 화학 반응과 화학 반응식

과산화 수소 분해반응

"아얏!"

뛰어가다 계단에서 넘어진 가연이는 무릎을 살펴보았어요. 무릎이 까져 피가 철철 흐르고 있었죠. 가연이는 친구의 부축을 받고 보건실로 향했어요. 보건 선생님께서는 상처 소독을 위해 투명한 액체인 소독약을 상처에 발라 주셨어요.

부글부글.

상처에서 거품이 나기 시작했어요. 거품이 나고 있는 상처가 따끔하여 얼굴을 찌푸리고 있을 때 선생님께서 말씀을 하셨어요.

"애들아, 지금 가연이 상처에 바른 소독약에서 거품이 생기는 반응은 너희들이 좋아하는 코끼리 치약 실험과 같은 반응이란다!"

코끼리 치약 실험을 본 적이 있나요? 과산화 수소에 주방세제와 식용색소를 조금 넣고 아이오딘화 칼륨을 넣으면, 부글부글하는 소리와 함께 엄청난 거품이 폭발적으로 솟구쳐 오르는 현상을 볼 수 있어요. 마치 코끼리 코에서 분수처럼 치약이 쏟아져 나오는 것 같아 보인다 하여 코끼리 치약 실험이라고 불러요. 인터넷상에서 누가 더 거대한 코끼리 치약을 만들어 보는지 내기를 할 정도로 인기 있는 실험입니다. 그런데 이 실험이 내 무릎에서 일어나고 있는 현상이라니요.

코끼리 치약 실험

코끼리 치약 실험에 사용되는 과산화 수소는 H_2O_2의 화학식으로 쓸 수 있어요. 과산화 수소가 아이오딘화 칼륨(KI)를 만나면 물과 산소 기체로 나눠지며 새로운 물질로 변합니다. 이와 같이 새로운 성질을 지닌 물질로 바뀌는 반응을 화학 반응이라고 해요. 과학자들은 수많은 화학 반응을 누구라도 알아볼 수 있게 간단한 식으로 표현하고자 했어요. 우리가 2 곱하기 2는 4라는 과정을 2 × 2 = 4와 같은 기호와 식으로 간단하게 표현하듯이 화학 반응도 간단한 기호와 식으로 표시하였답니다. 그럼 위에서 이야기한 코끼리 치약 실험 중 과산화 수소 분해 반응을 화학식으로 표현해 볼까요.

"과산화 수소는 물과 산소로 분해됩니다."와 같은 문장을 간단히 도식으로 표시하면 이렇게 할 수 있어요.

$$\text{과산화 수소} \rightarrow \text{물} + \text{산소}$$

하지만 이렇게 한글로 쓰면 다른 나라 과학자들은 알아보기 어렵겠죠? 따라서 화합물과 원소를 화학식으로 바꿔줍니다.

$$H_2O_2 \rightarrow H_2O + O_2$$

자, 이제 화학식과 화살표로 표현한 반응식이 되었습니다. 그러나 위 화학식은 화살표 왼쪽엔 산소 원자가 2개인데, 반응 후 화살표 오른쪽에 산소 원자가 3개가 되었어요. 이렇게 반응 후에 산소 원자가 뿅 하고 생기면 안 되겠죠? 따라서 화학 반응 후 모든 원자의 종류와 개수가 같도록 반응식의 계수(문자 앞에 곱해진 수)를 조정해야 해요.

$$2H_2O_2 \rightarrow 2H_2O + O_2$$

자, 이제 화살표의 왼쪽과 오른쪽의 원자의 종류와 개수가 모두 같은, 올바른 화학 반응식이 되었어요.

위와 같은 화학 반응식을 통해 2개의 과산화 수소 분자가 2개의 물 분자와

1개의 산소 분자로 분해되면서 산소 기체가 보글보글 생기게 되고, 이 산소 기체가 주방세제와 만나 거품을 만들면서 분수처럼 폭발하게 되는 현상이 코끼리 치약 실험의 묘미입니다.

그렇다면 가연이 무릎에서 코끼리 치약 실험이 일어난다는 것은 무슨 이야기일까요? 사실 상처를 소독할 때 쓰는 소독약은 과산화 수소 용액입니다. 과산화 수소는 아이오딘화 칼륨을 만나면 분해되지만, 우리의 피를 만나도 분해됩니다. 사람의 혈액 속에는 붉은색의 적혈구가 있는데, 적혈구 속에 '카탈레이스'라는 물질이 들어 있어요. 과산화 수소가 카탈레이스를 만나면 빠른 속도로 물과 산소로 나누어집니다. 이때 생기는 산소 기체가 거품의 형태로 관찰되는 것입니다. 무릎에서 일어나는 화학 반응의 화학 반응식도 코끼리 치약의 화학 반응식과 동일합니다.

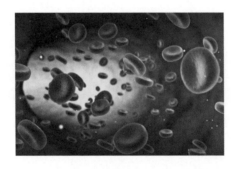

사람의 적혈구에는 과산화 수소를 분해하는 물질이 들어있어요

그 외에도 우리 주변에서 일어나는 다양한 반응을 화학 반응식으로 표현해 볼까요? 수소 자동차에서 수소 기체와 산소 기체의 반응으로 물이 생성되는 과정을 화학 반응식으로 표현해 봅시다. 가스레인지에서 일어나는 메테인을 연소시키는 과정, 철로 된 못이 녹스는 과정에 대해서도 알아보아요.

수소 자동차에서 수소 기체와 산소 기체의 반응으로 물이 생성됨

1단계: 화살표의 왼쪽에는 반응하는 물질, 오른쪽에는 생성되는 물질을 화학식으로 쓴다.	수소 + 산소 → 물 $H_2 + O_2 \rightarrow H_2O$
2단계: 반응하는 물질과 생성되는 물질의 원소 종류와 개수가 동일하도록 계수를 맞춰준다	① 반응물의 산소 원자가 2개, 생성물의 산소 원자가 1개이므로 물 분자 앞에 계수 2를 쓴다. $H_2 + O_2 \rightarrow 2H_2O$ ② 반응물의 수소 원자가 2개, 생성물의 수소 원자가 4개이므로, 수소 분자 앞에 계수 2를 쓴다. $2H_2 + O_2 \rightarrow 2H_2O$

메테인을 연소시키면 이산화 탄소와 물이 생김

1단계: 화살표의 왼쪽에는 반응하는 물질, 오른쪽에는 생성되는 물질을 화학식으로 쓴다.	메테인 + 산소 → 이산화 탄소 + 물 $CH_4 + O_2 \rightarrow CO_2 + H_2O$

2단계: 반응하는 물질과 생성되는 물질의 원소 종류와 개수가 동일하도록 계수를 맞춰준다.	① 반응물의 수소 원자는 4개, 생성물의 수소 원자는 2개이므로 메테인 분자 앞에 계수 2를 쓴다. $$CH_4 + O_2 \rightarrow CO_2 + 2H_2O$$
	② 반응물의 산소 원자는 2개, 생성물의 산소 원자는 4개이므로, 산소 분자 앞에 계수 2를 쓴다. $$CH_4 + 2O_2 \rightarrow CO_2 + 2H_2O$$

철이 공기 중 산소를 만나 붉은색의 산화 철로 변함

1단계: 화살표의 왼쪽에는 반응하는 물질, 오른쪽에는 생성되는 물질을 화학식으로 쓴다.	철 + 산소 → 산화 철 $$Fe + O_2 \rightarrow Fe_2O_3$$
2단계: 반응하는 물질과 생성되는 물질의 원소 종류와 개수가 동일하도록 계수를 맞춰준다.	① 반응물에는 산소 원자가 2개, 생성물에는 산소 원자가 3개이므로, 양쪽 산소 원자의 수를 최소 공배수인 6으로 맞추어 준다. $$Fe + 3O_2 \rightarrow 2Fe_2O_3$$
	② 반응물의 철 원자는 1개, 생성물의 철 원자는 4개이므로, 철 원자 앞에 계수 4를 쓴다. $$4Fe + 3O_2 \rightarrow 2Fe_2O_3$$

우리 주변의 모든 화학 반응은 화학 반응식으로 표현할 수 있어요. 또한 화학 반응식을 통해 화학 반응에 대한 많은 정보를 알 수 있답니다. 다음 화학 반응식을 통해 알 수 있는 정보들을 살펴볼까요?

$$CH_4 + 2O_2 \rightarrow CO_2 + 2H_2O$$

반응하는 물질은 메테인과 산소 기체이며, 생성된 물질은 이산화 탄소와 물임을 알 수 있답니다. 또한 메테인 분자 1개가 연소할 때 산소 분자는 2개가 필요하다는 것도 알 수 있어요. 이와 같이 화학 반응식을 통해 반응하는 물질과 생성되는 물질의 종류 및 개수비도 알 수 있습니다.

이것만은 알아 두세요

1. 화학 반응식: 화학 반응을 화학식과 화살표로 나타낸 식. 반응하는 물질과 생성하는 물질의 종류 및 개수비를 알 수 있다.
2. 화학 반응식 쓰는 방법
   ① 화살표의 왼쪽에는 반응하는 물질, 오른쪽에는 생성되는 물질을 화학식으로 쓴다.
   ② 반응하는 물질과 생성되는 물질의 원자의 종류와 개수가 동일하도록 계수를 맞춰준다.

풀어 볼까? 문제!

1. 다음 반응을 화학 반응식으로 나타내시오.

> 탄소(C)를 산소(O_2)와 반응시키면 이산화 탄소(CO_2)기체가 생성된다.

2. 다음 화학 반응식을 보고 빈 칸에 들어갈 알맞은 말을 쓰시오.

$$N_2 + 3H_2 \rightarrow 2NH_3$$

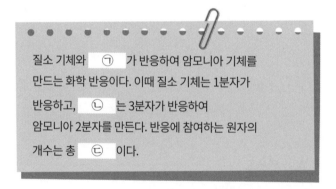

질소 기체와 ㉠ 가 반응하여 암모니아 기체를
만드는 화학 반응이다. 이때 질소 기체는 1분자가
반응하고, ㉡ 는 3분자가 반응하여
암모니아 2분자를 만든다. 반응에 참여하는 원자의
개수는 총 ㉢ 이다.

정답

1. $C + O_2 \rightarrow CO_2$
2. ㉠ 수소기체, ㉡ 수소기체, ㉢ 8개

3. 질량보존 법칙

획! 하고 버튼을 누르면 몸이 개미보다도 작아져 작은 곤충인 벌의 등에 앉아 날아다닐 수 있는, 마블 영화의 캐릭터인 앤트맨. 또는 토끼를 따라가다 '날 마셔요'라고 적혀 있는 주스를 마시고 몸이 30cm로 줄어든 이상한 나라의 앨리스. 우리도 앤트맨이나 앨리스처럼 몸의 크기가 자유자재로 줄어들면 훨씬 가벼워져서 정말로 벌의 등을 타고 하늘을 날 수 있을까요?

여행을 갈 때 텐트나 배낭, 옷이나 신발 등을 모두 지우개만한 크기로 축소시켜서 필통 안에 들고 다니다 필요할 때 다시 꺼내 원래의 크기로 만들어 사용할 수 있다면 얼마나 좋을까요? 하지만 텐트를 지우개만 하게 축소시킨다 해도 주머니에 넣어 다니긴 어려울 것이라 생각돼요. 우리 몸이 개미만큼 작아져도 벌이 아닌 참새의 등에 올라타서 하늘을 나는 것도 어려울 것이에요. 왜냐하면, 먼 훗날 과학기술이 발전하여 사람뿐만 아니라 물체의 크기를 자유자재로 바꿀 수 있는 기술이 생겨서 물체의 크기가 바뀌더라도 물체의 질량은 바뀌지 않기 때문이에요. 여러분이 개미만큼 작아진다고 해도 여러분의 몸무게는 보존되기 때문에 단 1kg도 줄어들지 않아요. 따라서 작은 벌의 등에 올라타면 벌은 우리가 너무 무겁겠죠? 따라서 날 수 없을 거예요. 정말 아쉬운 일이지요?

질량이란 물질의 상태나 장소에 따라 변하지 않는 물질의 고유한 양을 뜻해요. 우리가 살고 있는 지구의 모든 물체는 질량이 있어요. 물체의 질량은 윗접시저울로 측정가능해요.

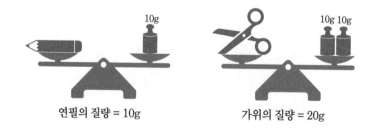

연필의 질량 = 10g   가위의 질량 = 20g

생일 케이크에 꽂혀 있는 초를 볼까요? 초의 질량은 10g이에요. 초에 불을 붙이고 "생일 축하합니다." 하고 노래를 한 번 부르고 나면, 초의 일부가 타서 없어지고 초의 질량은 4g으로 줄었어요. 이때 초의 질량 6g은 어디로 사라진 것일까요? 그에 대한 답은 프랑스의 과학자 '라부아지에'에게서 들을 수 있어요. 라부아지에는 '근대 화학의 아버지'라 불리는 인물로 화학 반응에서 물질의 변화에 대해 깊이 연구한 사람이에요.

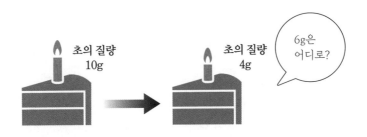

라부아지에는 화학 반응이 일어날 때 반응물의 총 질량과 생성물의 총 질량은 언제나 같다는 것을 발견했어요. 생일 케이크 위에 꽂은 초를 밀폐된 유리병 안에 넣고 불을 붙여 볼까요? 불을 붙이기 전 밀폐된 유리병 안에 초와 케이크를 넣었을 때의 총 질량은 260g입니다. 불을 붙이면 유리병 안에서 초의 연소가 일어나고 초의 길이가 짧아졌어요. 그러나 촛불이 꺼지고 케이크와 초가 들어 있는 유리병의 질량을 측정하면 여전히 260g이에요. 초의 길이는 짧아졌는데 어떻게 반응 후 질량은 줄어들지 않았을까요?

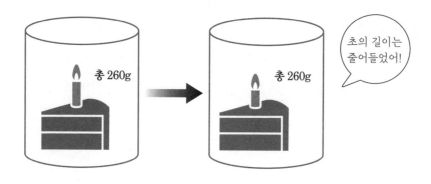

초는 연소해 물과 이산화 탄소로 바뀌게 돼요. 이때

초의 줄어든 질량 + 초와 결합한 산소의 질량

= 생성된 수증기와 이산화 탄소의 질량

은 같아요. 즉 초와 산소라는 반응물이 물과 이산화 탄소라는 새로운 물질로
바뀐 것이지 초를 이루던 물질들이 없어진 것은 아니랍니다.

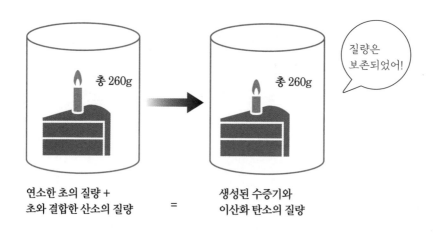

연소한 초의 질량 +
초와 결합한 산소의 질량   =   생성된 수증기와
이산화 탄소의 질량

그러나 생일 케이크 위에 꽂힌 초는 길이가 짧아지고 질량도 줄어들었어요. 이 현상은 어떤 이유 때문일까요? 그건 초의 연소가 열린용기에서 일어나기 때문이에요. 초가 연소할 때 발생한 수증기와 이산화 탄소가 공기 중으로 날아가기 때문에 초의 질량은 줄어들었던 것이지요. 만약 밀폐된 유리병에서 실험한다면 반응물의 총 질량과 생성물의 총 질량은 동일합니다.

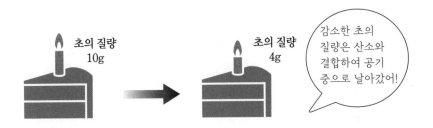

위와 같은 현상은 앙금이 생성되는 반응에서도 확인할 수 있어요. 두 개의 시험관에 염화 나트륨 수용액 10g과 질산 은 수용액 10g을 각각 넣어요. 그후 두 용액을 섞으면 흰색 앙금이 생기면서 바닥에 가라앉아요. 마치 무거운 물질이 생겨 바닥에 가라앉은 것처럼 보이지만, 반응 후 생성물의 총 질량을 측정해 보면 20g임을 확인할 수 있어요.

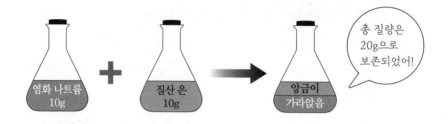

그렇다면 화학 반응이 일어나서 반응물과는 전혀 다른 새로운 물질이 생기는데 질량은 왜 변하지 않는 것일까요? 그건 물질을 구성하는 입자와 관련이 있어요. 모든 물질은 '원자'라고 하는 기본 입자로 구성되어 있어요. 물 분자는 산소 원자 1개와 수소 원자 2개로, 수소 분자는 수소 원자 2개로, 산소 분자는 산소 원자 2개로 구성되어 있지요. 물을 전기분해하는 실험을 생각해 볼까요?

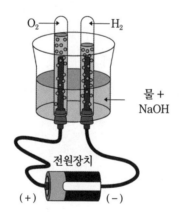

수소 기체와 산소 기체로 분해하면, 물 분자를 구성하고 있던 수소 원자와 산소 원자의 배열이 바뀌어 수소 기체와 산소 기체를 만들 뿐 물 분자를 구

성하고 있던 수소 원자와 산소 원자가 없어지거나 새로 생겨나지 않아요. 따라서 물이 분해되기 전의 총 질량은 물이 분해되고 난 후의 수소 기체와 산소 기체의 총 질량과 같답니다. 반응 전후의 반응물과 생성물의 원자 수의 변화가 없기 때문이에요.

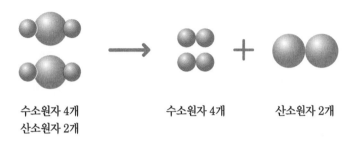

수소원자 4개　　　　　수소원자 4개　　　　산소원자 2개
산소원자 2개

　위에서 살펴본 염화 나트륨과 질산 은의 앙금생성반응도 반응물의 입자 배열이 바뀌는 현상이랍니다. 염화 나트륨은 그림과 같이 염화 이온과 나트륨 이온으로 구성되어 있어요. 질산 은은 질산 이온과 은 이온으로 구성되어 있지요. 두 용액을 섞으면 염화 이온과 은 이온이 만나 흰색 앙금을 만들어요. 이온이 결합하는 배열만 바뀌었을 뿐 이온이 사라지거나 새로 생겨나지 않았기 때문에 반응 전후의 질량은 변하지 않는답니다.

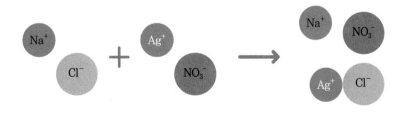

질량보존 법칙은 화학 변화뿐만 아니라 물리 변화에서도 동일하게 적용돼요. 종이를 한 장 들어 공 모양으로 구겨도 종이의 질량은 변하지 않아요. 또한 1kg의 얼음을 녹여 물을 만들었을 때 물의 질량은 1kg이에요. 이때도 얼음이 녹아 물이 될 때 분자 간의 거리가 증가하고 분자 운동이 활발해지지만, 물 분자의 총 수는 변하지 않기 때문에 물의 질량은 변하지 않아요.

예전에 방영되던 〈포켓몬스터〉라는 만화영화에서는 주인공이 포켓몬들을 주먹만 한 공 모양의 포켓몬 볼에 넣어서 가방에 넣고 다니는 장면이 나와요. 사실 만화영화의 주인공은 굉장히 힘이 센 어린이랍니다. 포켓몬이 작아져 포켓몬 볼에 들어가도 포켓몬의 질량은 변하지 않기 때문에 포켓몬 볼이 수십 개가 들어 있는 주인공의 배낭의 무게는 포켓몬 수십 마리가 들어 있는 것과 같을 테니까요. 질량보존법칙을 알고 있는 여러분들은 그 무거운 배낭을 함부로 메고 여행길을 떠나진 않을 거예요. 사실 너무 무거워서 두 손으로 들기에도 어려울 테니까요.

너무 무거워!

작아진 포켓몬

1. 질량보존 법칙: 화학 변화가 일어날 때 반응물의 총 질량의 합은 생성물의 총 질량 의 합과 같다.
2. 초의 연소 반응에서 줄어든 초의 질량과 초와 반응한 산소의 질량의 총합은 생성물 인 수증기와 이산화 탄소의 총 질량의 합과 같다.
3. 화학 반응이 일어날 때 원자들의 배열만 바뀔 뿐 원자가 새로 생성되거나 소멸되지 않기 때문에 질량보존 법칙이 성립한다.

1. 뚜껑을 닫지 않은 유리병에 식초를 10g 넣은 후 분필가루 10g을 넣었더니 부글부글하며 이산화 탄소 기체가 발생하였다. 기체 발생이 멈춘 후 유리병에 담긴 액체의 질량을 측정하니 총 15g이었다.

실험 과정 중 발생한 이산화 탄소 기체의 질량은 총 몇 g인가?

2. 그림과 같이 저울의 양 옆에 강철 솜을 달고 오른쪽 강철 솜을 가열하였다.

강철 솜의 연소 반응식은 다음과 같다.

철 + 산소 → 산화 철

충분한 시간이 흐른 후 저울은 어느 쪽으로 기울어질지 쓰고, 그렇게 판단한 이유를 쓰시오.

정답

1. 5g

   반응물의 총 질량과 생성물의 총 질량이 동일해야 하기 때문에 반응한 이산화 탄소의 질량은 (20g − 15g =) 5g임을 알 수 있다.

2. 저울은 오른쪽으로 기울어진다(가열한 강철 솜 쪽으로 기울어진다).

   강철 솜이 연소하면 산소와 결합하여 산화 철이 된다. 처음 강철 솜의 질량에 산소의 질량이 더해졌으므로 산화 철이 질량이 강철 솜의 질량보다 크다. 따라서 왼쪽 강철 솜보다 연소가 일어난 오른쪽 산화 철의 질량이 더 크다.

4. 일정성분비 법칙

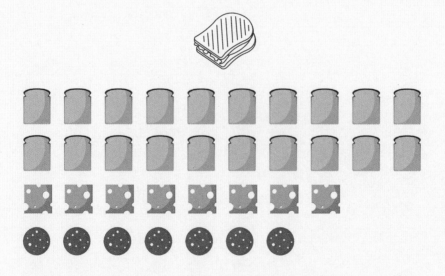

오늘은 소풍을 가기로 했어요. 간단하게 샌드위치를 싸서 가려고 해요. 친구들과 나눠 먹기 위해 샌드위치를 많이 싸기로 했어요. 냉장고를 열어보니 식빵과 치즈, 햄이 여러 개 들어 있어요. 꺼내서 개수를 살펴보니 식빵 20장,

치즈 8장, 햄 7장이 있어요. 식빵 2장 사이에 치즈 1장과 햄 1장을 넣어 햄치즈 샌드위치를 만들었어요. 우리가 만들 수 있는 햄치즈 샌드위치는 총 몇 개일까요?

식빵이 20장이나 있지만 우리가 만들 수 있는 샌드위치는 총 7개예요. 왜냐하면 샌드위치를 만들 때 식빵 2장 + 치즈 1장 + 햄 1장의 비율로 재료가 필요하기 때문에 햄 7장을 다 사용하고 나면 더 이상 맛있는 햄치즈 샌드위치를 만들 수 없어요.

다양한 원소들이 결합하여 화합물을 만들 때에도 맛있는 햄치즈 샌드위치를 만드는 것과 같은 일이 벌어져요. 수소 기체와 산소 기체를 이용해서 물을 만드는 반응 실험을 해보아요. 수소 기체와 산소 기체를 모아 주사기를 이용해서 물 합성장치 안에 넣고 전기를 흘려주면 물이 만들어져요.

물 합성장치

	반응한 수소 기체의 질량	반응한 산소 기체의 질량	생성된 물의 질량
실험 1	1g	8g	9g
실험 2	5g	40g	45g
실험 3	10g	80g	90g

수소 기체와 산소 기체가 반응하여 물을 만드는 반응을 살펴보면 항상 수소 기체 질량의 8배에 해당하는 산소 기체가 반응하게 돼요. 질량보존 법칙에 따라 생성된 물의 질량은 9g이 됩니다. 만약 물을 더 얻기 위해 산소 기체의 양은 8g으로 두고 수소 기체의 질량을 1g의 2배로 늘리면 10g의 물을 얻을 수 있을까요?

	수소 기체	산소 기체
반응 전 기체의 질량	2g	8g
반응하지 못하고 남아 있는 기체의 질량	1g	0g
물을 만드는 반응에 쓰인 기체의 질량	1g	8g

결과는 10g의 물을 얻지 못하는군요. 수소 기체의 질량을 두 배로 늘려도 항상 수소 기체와 산소 기체는 1:8의 질량비로 반응하기 때문에 만들어지는 물의 질량은 9g이고 추가로 넣어준 수소 기체는 그대로 남습니다. 왜 수소 기체의 양을 더 늘려주어도 만들어지는 물의 질량이 증가하지 않는 것일까요?

이것은 화합물을 만들 때 화합물을 이루는 원자들이 항상 일정한 개수비로 결합하기 때문이에요. 다음 그림을 한번 볼까요?

나무 블록을 가지고 모형 집을 만들려고 해요. 모형 집을 만들기 위해선 기둥 블록 2개와 지붕 블록 1개를 결합시켜야 해요. 블록 통을 열어보니 기둥 블록 10개와 지붕 블록 10개가 있어요.

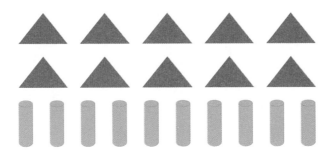

블록 통에 담겨 있는 블록들

기둥 블록과 지붕 블록이 결합해서 모형 집을 만들 때 기둥 블록과 지붕 블록은 항상 2:1의 개수비로 결합해요. 따라서 우리는 모형 집을 5개 만들 수 있고, 지붕 블록은 5개 남게 돼요. 여기서 기둥 블록은 수소 기체, 지붕 블록은 산소 기체에 비유할 수 있어요. 물 분자는 수소 원자 2개와 산소 원자 1개가 결합한 화합물이에요. 따라서 물 분자를 만들 때 항상 수소 원자와 산소 원자는 2:1의 개수비로 결합해요. 산소 원자 1개는 수소 원자 1개보다 16배나 무거워요. 따라서 수소 기체와 산소 기체는 2:16=1:8의 질량비로 결합하게 된답니다.

블록으로 만들 수 있는 집의 수는 총 5개이다

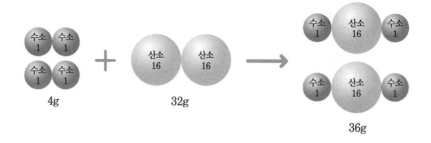

이와 같이 화합물을 구성하는 성분 원소의 질량비가 항상 일정한 현상을 '일정성분비 법칙'이라고 불러요.

탄소와 산소 기체가 반응하여 이산화 탄소 기체를 만드는 반응도 일정성분비 법칙으로 설명해 볼까요.

	반응한 탄소의 질량	반응한 산소 기체의 질량	생성된 이산화 탄소의 질량
실험 1	12g	32g	44g
실험 2	24g	64g	88g
실험 3	36g	96g	132g

실험 결과를 통해 탄소와 산소가 3:8의 질량비로 결합함을 알 수 있어요. 만약 실험 1에서 탄소의 질량을 20g으로 늘려도, 반응할 수 있는 산소 기체의 양은 32g이기 때문에 12g만 반응하고 8g은 반응하지 못해요. 탄소 원자 1개의 질량을 12라고 했을 때, 산소 원자 1개의 질량은 16으로 생각할 수 있어요. 따라서 위의 실험을 통해 이산화 탄소는 탄소 원자 1개에 산소 원자 2개가 결합한 분자임을 알 수 있어요. 또한 실험 2에서 생성된 이산화 탄소 분자의 수는 실험 1에서 생성된 이산화 탄소 분자 수의 2배인 것도 알 수 있습니다.

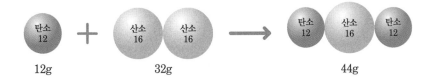

<table>
<tr><td>탄소
12</td><td>+</td><td>산소
16　산소
16</td><td>→</td><td>탄소
12　산소
16　탄소
12</td></tr>
<tr><td>12g</td><td></td><td>32g</td><td></td><td>44g</td></tr>
</table>

일정성분비 법칙은 1799년 프랑스의 과학자 조제프 루이 프루스트(Joseph Louis Proust)가 발견했어요. 일정성분비 법칙이 발견되기 전에는 화합물을 만들 때 성분 원소들이 다양한 비율로 결합할 수 있다고 생각했어요. 그러나 일정성분비 법칙이 발견되면서 물을 만들 때 항상 수소 기체:산소 기체=1:8의 질량비로 결합하는 현상을 설명하기 위해서 과학자들은 고민했어요. 그러다 원자의 개념이 도입되었어요. 수소 기체의 경우 일정한 질량을 가지는 최소한의 입자인 수소 원자 1개의 질량을 1로, 산소 원자의 1개의 질량을 8로 정하면 일정성분비 법칙을 설명하기에 편리했지요.

일정성분비 법칙은 화합물을 만들 때 필요한 성분 원소의 질량을 계산할 때도 유용하게 사용돼요. 비료를 만드는 공장에서는 질소 기체와 수소 기체를 사용하여 암모니아 기체를 합성하는데, 이때 질소 기체와 수소 기체는 14:3의 질량비로 결합해요. 따라서 1,700g의 암모니아 기체를 합성하기 위해서는 질소 기체 1,400g과 수소 기체 300g이 필요함을 계산할 수 있답니다.

이것만은 알아 두세요

1. 일정성분비 법칙: 화합물을 구성하는 성분 원소의 질량비는 항상 일정하다. 왜냐하면 화합물을 구성하는 원소들은 항상 일정한 개수비로 결합하기 때문이다.
2. 물을 만들 때 수소와 산소는 항상 1:8의 질량비로 결합한다.

풀어 볼까? 문제!

1. 그림은 수소 기체와 산소 기체가 반응하여 수증기를 만들 때 수소 기체와 산소 기체의 질량비를 나타낸 것이다.

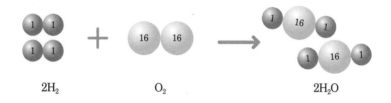

$$2H_2 \qquad\qquad O_2 \qquad\qquad 2H_2O$$

　수소 기체 2g과 산소 기체 20g을 넣고 반응시켰을 때 생성되는 수증기의 질량은 총 몇 g인지 쓰시오. 또한 반응하지 않고 남아 있는 기체의 종류는 무엇일지 쓰시오.

2. 그림은 탄소와 산소가 반응하여 만든 일산화 탄소와 이산화 탄소 기체를 나타낸 것이다. 일산화 탄소와 이산화 탄소 기체에서 '탄소:산소의 질량비'는 얼마인지 쓰시오.

일산화 탄소	반응한 탄소의 질량	반응한 산소 기체의 질량	생성된 일산화 탄소의 질량	탄소 : 산소의 질량비
	12g	16g	38g	

이산화 탄소	반응한 탄소의 질량	반응한 산소 기체의 질량	생성된 이산화 탄소의 질량	탄소 : 산소의 질량비
	12g	32g	44g	

정답

1. 수소 기체와 산소 기체는 $1:8$의 질량비로 결합하므로 수소 기체 2g당 산소 기체 16g이 반응한다. 따라서 생성되는 수증기의 질량은 총 18g이다. 또한, 반응하지 않고 남아 있는 기체는 산소이며 총 4g이 반응하지 못하고 남아 있게 된다.
2. 일산화 탄소($12:16 = 3:4$), 이산화 탄소($12:32 = 3:8$)

5. 기체 반응 법칙

여러분은 놀이공원에 놀러가서 헬륨 풍선을 사본 적이 있나요? 만약 지금 놀이공원에서 헬륨 풍선을 사려는 중이라면 다음 두 풍선 중 어떤 풍선을 살 것 같나요?

풍선(가) 가격 1,000원   풍선(나) 가격 1,000원

가격이 똑같지만 풍선의 크기가 현저하게 다르네요. 아무래도 크기가 큰 풍선 안에 헬륨 기체가 더 많이 들어 있겠지요? 네, 맞아요. 기체는 같은 온

도에서 부피가 클수록 더 많은 수의 입자가 들어 있어요. 풍선 내부의 입자들을 그림으로 표현한다면 다음과 같을 거예요. 헬륨 풍선이 클수록 풍선 안에 기체 입자의 수가 많아요.

풍선 (가)　　　　　　　풍선 (나)

그렇다면 똑같은 크기의 풍선이지만 서로 다른 기체가 들어 있는 풍선의 경우에는 입자 수를 어떻게 비교할 수 있을까요? 예를 들어 똑같은 크기의 수소 풍선과 산소 풍선의 경우예요.

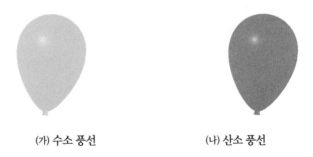

(가) 수소 풍선　　　　　　　(나) 산소 풍선

놀랍게도 같은 온도에서 같은 크기의 부피를 갖는 두 풍선 안에는 같은 수의 기체 입자가 들어 있어요. 수소 풍선과 산소 풍선 안에는 같은 수의 입자가 들어 있답니다.

자, 그럼 이제 수소 풍선과 산소 풍선 속에 들어 있는 기체들을 가지고 반응시켜 수증기를 만들어 볼게요. 수증기를 만들기 위해선 같은 부피의 수소 풍선 2개와 산소 풍선 1개가 필요해요.

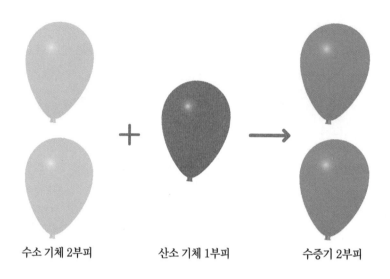

수소 기체 2부피   산소 기체 1부피   수증기 2부피

그림처럼 수소 기체와 산소 기체가 반응하여 수증기를 만들 때, 항상 수소 기체의 부피는 산소 기체 부피의 2배가 필요하고, 생성되는 수증기의 부피도 산소 부피의 2배예요. 1805년 게이-뤼삭(Gay-Lussac)이라는 과학자가 일정한 온도와 일정한 압력에서 반응하는 기체와 생성되는 기체 사이에는 간단한 정수비가 성립됨을 알아냈답니다. 수소 기체와 산소 기체가 수증기를 만들 때 항상 2:1의 부피비로 반응하여 수증기 2부피가 형성되는 것이지요.

그러면 위의 반응에서 각 풍선 내부의 기체 입자들의 분포를 살펴볼까요.

돌턴의 원자설에 의하면 모든 물질은 '원자'라고 하는 더 이상 쪼갤 수 없는 입자로 이루어져 있다고 했어요. 그렇다면 현재 풍선의 부피가 같으므로 한 풍선 당 하나의 기체 입자가 들어 있다고 생각해 봅시다.

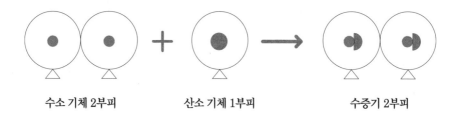

수소 기체 2부피   산소 기체 1부피   수증기 2부피

풍선 1개 당 1개의 입자가 들어 있기 때문에, 산소 원자 1개가 반응하여 두 개의 수증기 입자를 만들려면 산소 기체는 반응하며 반으로 쪼개져야 해요. 이건 돌턴의 원자설에 위배되는 내용이에요. 원자는 쪼개져서는 안 되는 입자이거든요.

게이-뤼삭은 기체들이 일정한 부피비로 반응한다는 사실은 알아냈지만, 위의 문제를 해결하는 속 시원한 설명을 하지 못했어요. 그러다 시간이 지나 아보가드로라는 사람이 등장해요.

아보가드로는 풍선 안에 입자들이 원자의 형태가 아니라 다음 그림과 같이 쪼개질 수 있는 '분자'라는 형태로 존재한다고 생각했어요.

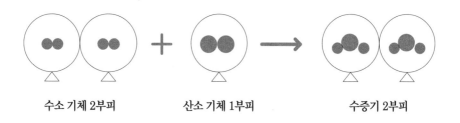

수소 기체 2부피   산소 기체 1부피   수증기 2부피

수소 기체와 산소 기체는 2개의 원자로 구성된 분자라는 입자로 되어 있어요. 기체는 같은 부피 속에 '분자'라는 입자가 1개씩 들어 있어요. 수소 기

체와 산소 기체가 반응할 때 산소 분자 1개는 산소 원자 2개로 쪼개져서 수증기 분자를 2개 만들 수 있어요. 위와 같이 반응하면, 원자는 쪼개지지 않는다는 돌턴의 원자설에도 위배되지 않으면서 기체 반응에서는 기체들의 부피비가 일정한 정수비가 성립한다는 게이-뤼삭의 기체 반응 법칙을 설명할 수 있어요.

아보가드로는 같은 온도와 같은 압력에서 일정한 부피의 기체 안에는 같은 수의 분자들이 존재한다고 생각했어요. 따라서 같은 부피의 수소 풍선과 산소 풍선 안에는 같은 수의 분자들이 들어 있는 것이지요. 그러나 아보가드로는 일정한 부피 안에 몇 개의 기체 분자들이 들어 있는지는 알지 못했어요. 시간이 흘러 후대의 과학자들이 연구하여 0℃, 1기압에서 22.4L 부피의 기체 안에는 6.02×10^{23}개의 기체 분자가 들어 있음을 밝혀냈어요. 이 숫자를 '아보가드로의 수'라고 불러요. 아보가드로의 수는 천문학적인 숫자예요. 현재 밝혀진 우주에 있는 모든 별을 다 더해도 아보가드로의 수에는 미치지 못해요.

다른 기체들의 반응도 살펴볼까요. 수소 기체와 질소 기체가 반응하여 암모니아 기체를 만드는 반응을 기체 반응 법칙으로 살펴볼게요.

수소 3부피   질소 1부피   암모니아 2부피

수소 기체와 질소 기체가 반응하여 암모니아 기체를 만들 때 수소 : 질소 : 암모니아는 3 : 1 : 2의 부피비가 성립함을 알 수 있어요. 모형을 통해 반응하

는 기체의 부피비는 곧 반응하는 기체의 분자수와 동일하고 생성되는 기체의 부피비는 생성되는 기체의 분자수임을 알 수 있답니다. 또한, 수소 분자와 질소 분자가 쪼개지고 다시 결합하여 질소 원자 1개와 수소 원자 3개로 구성된 암모니아 분자를 형성함을 알 수 있어요.

이와 같이 기체 반응 법칙은 돌턴의 원자설을 넘어서 아보가드로가 분자를 생각해 낼 수 있는 바탕이 되었어요. 또한 반응하는 기체와 생성된 기체의 부피비를 통해 화학 반응에 관여하는 분자들의 개수비도 알게 되었어요. 그리고 먼 훗날 밝혀진 아보가드로의 수는 기체 분자와 같이 작은 입자의 개수를 세는 단위인 '몰(mole)'로 정의되어 화학 반응에서 매우 중요한 단위로 사용되고 있답니다.

이것만은 알아 두세요

1. 기체 반응 법칙: 일정한 온도와 압력에서 반응하는 기체의 부피와 생성되는 기체의 부피에는 일정한 정수비가 성립한다. 예를 들어 수소 기체 2부피와 산소 기체 1부피가 반응하여 수증기 2부피가 생성된다.
2. 아보가드로의 법칙: 일정한 온도와 압력에서 일정한 기체의 부피에는 같은 수의 입자가 들어 있다. 예를 들어 0℃, 1기압 22.4L의 수소 기체와 산소 기체는 모두 6.02×10^{23}개의 동일한 분자가 들어 있다.

풀어 볼까? 문제!

1. 다음은 수소 기체와 질소 기체가 반응하여 암모니아 기체를 형성하는 반응을 모형으로 나타낸 것이다.

25℃ 1기압에서 수소 기체 30mL를 충분한 양의 질소 기체와 반응시켰을 때, 생성되는 암모니아 기체의 부피는 몇 mL인지 쓰시오.

2. 그림과 같이 위아래로 움직일 수 있는 피스톤이 달려 있는 용기에 수소 기체 2L와 산소 기체 3L가 들어 있다. 두 기체가 완전히 반응하였을 때, 용기의 부피는 몇 L가 될지 예상해서 쓰시오.

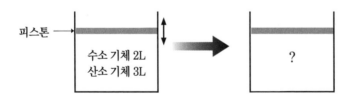

정답

1. 20mL. 수소 3부피가 완전히 다 반응하면 암모니아 2부피가 생성된다.
2. 4L. 수소 기체 2L는 완전히 다 반응하고, 산소 기체는 1L만 반응한다. 따라서 반응 후 용기 안에 남아 있는 기체는 산소 기체 2L, 수증기 2L가 되어 총 4L이다.

6. 발열반응과 흡열반응

"우르릉 쾅쾅."

번쩍이는 번개에 뒤이어 하늘이 갈라지는 듯한 천둥소리가 하늘을 가득 채웠어요. 이윽고 숲의 가장 큰 나무 꼭대기에 불이 붙기 시작했어요. 번개를 맞은 나무에 불이 붙은 것이지요. 이글이글 타오르며 매우 뜨거운 불을 본 초기 인류는 곧 불을 생존에 사용하기 시작했어요. 인류가 사용한 최초의 불은 번개나 화산 폭발로 생긴 화재에서 얻었을 것이라 생각하고 있어요. 불을 사용하며 음식물을 익혀 먹게 된 인류는 더 위생적인 환경에서 생활하게 되었고 수명도 늘어나게 되었으며, 불을 꺼뜨리지 않기 위해 화덕을 만들고 집도 만들며 정착 생활을 하게 되었어요.

엄청난 열을 방출하는 불이란 과연 무엇일까요? 불은 만질 수도 없고 모양과 형태도 일정하지 않아요. 너무 뜨거워서 가까이 갈 수도 없지만, 물에 닿으면 금방 꺼져버리기도 해요.

불은 나무와 석탄과 같은 물질이 산소와 만나 연소하면서 방출하는 에너지가 빛과 열을 내는 현상을 말해요. 그렇다면 나무는 연소할 때 왜 에너지를 방출하는 것일까요?

모든 물질은 고유의 에너지를 가지고 있어요. 석탄을 예로 들어볼까요? 석탄은 화석연료의 한 종류로 탄소와 수소 원자가 수없이 많은 화학결합을 통해 연결된 물질이에요. 석탄이 공기 중의 산소를 만나 연소하게 되면, 탄소와 수소가 만든 화학결합이 끊어지고 산소와 반응하여 이산화 탄소와 물을 만들게 돼요. 이때 반응물인 석탄과 산소의 에너지보다 생성물인 이산화 탄소와 물의 에너지가 더 작아요. 따라서 그 에너지 차이가 빛과 열의 형태로 방출되는데, 그게 우리의 눈에는 불로 보이는 것이지요. 이와 같이 화학 반응이 일어날 때, 반응물의 에너지가 생성물의 에너지보다 큰 경우 에너지의 차이가 열의 형태로 방출되는 것을 '발열반응'이라고 해요.

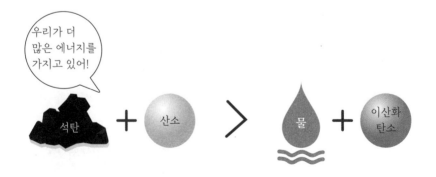

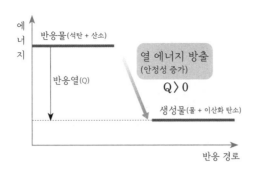

　나무가 연소하여 빛과 열을 내는 현상도 발열반응으로 설명할 수 있어요. 나무는 탄수화물의 일종인 셀룰로오스라는 물질로 구성되어 있는데, 탄수화물은 탄소와 수소, 산소 원자가 사슬처럼 이루어진 물질이에요. 나무가 산소를 만나 연소하여 물과 이산화 탄소를 만들 때, 나무와 산소의 에너지의 합보다 물과 이산화 탄소의 에너지의 합이 더 작기 때문에 에너지 차이가 빛과 열의 형태로 방출되는 것이지요. 탄수화물의 연소 반응은 사실 우리의 몸속에서도 일어나고 있어요.

　우리가 빵이나 밥과 같은 탄수화물을 먹으면 몸속에서 산소와 반응하여 물과 이산화 탄소로 바뀌는데 이때 반응물인 빵과 산소의 에너지의 합보다 생성물인 물과 이산화 탄소의 에너지의 합이 더 작기 때문에 에너지의 차이가 열로 방출돼요. 이때 방출되는 열은 우리의 체온 유지에 사용되기도 해요. 몸속에서 일어나는 탄수화물과 산소의 반응은 나무의 연소와는 다르게 매우 천천히 일어나기 때문에 빛을 내지 않고 열도 조금씩 천천히 방출해요. 하지만 발열반응이라는 점은 동일하답니다.

밥이 소화될 때
발생하는 에너지는
체온 유지에 사용돼!

발열반응과는 반대로 화학 반응이 일어날 때 반응물의 에너지보다 생성물의 에너지가 더 커서 주변에서 열을 흡수하는 반응도 일어나는데 '흡열반응'이라고 불러요. 대표적인 흡열반응으로는 음료수와 음식물을 시원하게 보관하기 위해 사용되는 아이스 팩 내부의 화학 반응이 있어요.

아이스 팩의 종류에는 여러 가지가 있는데, 그 중 염화 암모늄(NH_4Cl)과 물이 들어 있는 아이스 팩의 경우 아이스 팩의 내부에서 염화 암모늄이 물에 녹아 염화 암모늄 수용액을 만들 때, 주변에서 열을 흡수해요. 이때 반응물인 염화 암모늄과 물의 에너지의 합보다 염화 암모늄 수용액의 에너지가 더

크기 때문에 에너지의 차이만큼 열을 흡수하게 돼요. 따라서 아이스 팩을 음료수 사이에 넣어두면 아이스 팩 내부에서 반응이 일어날 때 아이스 팩 근처에 있는 음료수에서 열을 흡수하기 때문에 음료수는 열을 빼앗기고 온도가 내려가게 되고, 우리는 시원한 음료수를 마실 수 있어요.

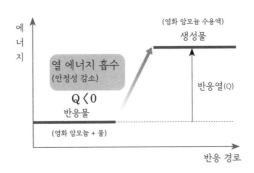

이것만은 알아 두세요

1. 발열반응: 화학 반응이 일어날 때, 반응물의 에너지가 생성물의 에너지보다 크기 때문에 에너지 차이가 열의 형태로 주변으로 방출되는 반응

2. 흡열반응: 화학 반응이 일어날 때, 생성물의 에너지가 반응물의 에너지보다 크기 때문에 에너지 차이가 열의 형태로 주변에서 흡수되는 반응

풀어 볼까? 문제!

1. 겨울철 흔들어 사용하는 핫팩에는 철가루가 들어 있다. 철가루가 산소와 만나 산화 철이 될 때 발생하는 열을 사용하는 것이다. 이때 반응물과 생성물을 쓰고, 반응물과 생성물 중 에너지가 더 높은 물질은 무엇인지 쓰시오.

반응물	생성물	반응물과 생성물 중 에너지가 더 높은 물질

2. 다음은 어떤 실험에 대한 철수의 보고서이다. 빈 칸에 들어갈 알맞은 말을 쓰고 그 이유를 설명하시오.

[실험 과정]

1. 나무판 위에 스포이트로 10mL의 물을 뿌린 후 물 위에 삼각플라스크를 놓는다.

2. 삼각플라스크 안에 물 50mL와 염화 암모늄 10g을 넣고 유리막대로 섞어준다.

3. 5분 후 삼각플라스크의 입구를 손으로 잡고 들어올린다.

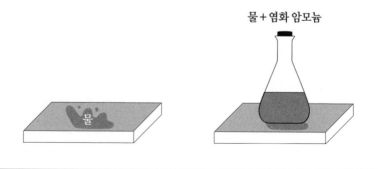

물 + 염화 암모늄

[실험 결과]

삼각플라스크와 나무판이 동시에 딸려 올라온다.

염화 암모늄과 물의 반응은 (   )이다.

화학 반응이 일어날 때, 반응물이 (   )에서

열을 흡수하기 때문에 물은 온도가 내려가 얼음으로 응고하였다.

정답

1.

반응물	생성물	반응물과 생성물 중 에너지가 더 높은 물질
철가루, 산소	산화 철	반응물

2. 흡열반응, 나무판 위에 뿌린 물

실험결과에서 삼각플라스크와 나무판이 동시에 딸려 오는 현상을 통해 물이 얼어 삼각플라스크와 나무판이 붙었다는 것을 알 수 있다. 따라서 염화 암모늄이 물에 녹으면서 물에서 열을 흡수하는 흡열반응이 일어남을 알 수 있다.

**한 번만 읽으면 확 잡히는
중등 화학**

2021년 2월 18일 1판 1쇄 펴냄
2024년 11월 15일 1판 5쇄 펴냄

지은이 손미현 · 유가연
펴낸이 김철종

펴낸곳 (주)한언
등록번호 1983년 9월 30일 제1-128호
주소 서울시 종로구 삼일대로 453(경운동) 2층
전화번호 02)701-6911 **팩스번호** 02)701-4449
전자우편 haneon@haneon.com

ISBN 978 - 89 - 5596 - 902 - 3 44400
ISBN 978 - 89 - 5596 - 901 - 6 세트

한언의 사명선언문

Since 3rd day of January, 1998

Our Mission – 우리는 새로운 지식을 창출, 전파하여 전 인류가 이를 공유케 함으로써 인류 문화의 발전과 행복에 이바지한다.

  – 우리는 끊임없이 학습하는 조직으로서 자신과 조직의 발전을 위해 쉼 없이 노력하며, 궁극적으로는 세계적 콘텐츠 그룹을 지향한다.

  – 우리는 정신적·물질적으로 최고 수준의 복지를 실현하기 위해 노력하며, 명실공히 초일류 사원들의 집합체로서 부끄럼 없이 행동한다.

Our Vision 한언은 콘텐츠 기업의 선도적 성공 모델이 된다.

저희 한언인들은 위와 같은 사명을 항상 가슴속에 간직하고
좋은 책을 만들기 위해 최선을 다하고 있습니다.
독자 여러분의 아낌없는 충고와 격려를 부탁드립니다.
• 한언 가족 •

HanEon's Mission statement

Our Mission – We create and broadcast new knowledge for the advancement and happiness of the whole human race.

  – We do our best to improve ourselves and the organization, with the ultimate goal of striving to be the best content group in the world.

  – We try to realize the highest quality of welfare system in both mental and physical ways and we behave in a manner that reflects our mission as proud members of HanEon Community.

Our Vision HanEon will be the leading Success Model of the content group.